不可思議的昆蟲

超變態！圖鑑

沼笠航／著

丸山宗利／監修　陳賜隆／審訂　張東君／譯

遠流

　　嗚哇！（←問候）第一次接觸蟲的人，或是久未摸蟲的各位，大家好。我是沼笠航。心懷忐忑卻還是拿起這本書的人，真是非常感謝。「飛蛾撲火」講的就是這種狀況吧……哈，我亂說的啦！你一定是連隻蒼蠅或螞蟻也不忍心殺害的好心人吧！

　　話說回來，你喜歡昆蟲嗎？不論是說「非常喜歡！」的人，或老實說「我很怕……」的人，甚至可能是「故鄉被昆蟲給滅村」的人！雖然我對這種人比較沒有把握，但我可是竭盡心力，想要讓這本書成為不論是昆蟲迷或昆蟲新手，都能開心閱讀的昆蟲書。但也因為太過拚命，差點奄奄一息……

　　製作本書的過程真是「困難蟲蟲」……啊不，是深深的感受到昆蟲生態的奧妙、姿態形體的美麗，以及生活方式的奇趣。這種心情就像再度回到年幼時最喜愛（現在也依然喜愛著）的昆蟲世界般無比雀躍。知道昆蟲世界的魅力卻不發一語的保持沉默，可說是罪惡深重啊！因此，我以豐富又詳細的圖解形式，將昆蟲的奧祕呈現給大家。

　　那麼，接下來就請大家跟著書中的主角們（喜歡蟲的和沒那麼喜歡蟲的），一起巡遊不可思議的昆蟲世界吧！人各有所好，蟲的喜好也各有不同，你一定能找到自己喜歡的昆蟲。希望對於有點兒怕蟲的人來說，在看完這本書之後，也能夠愛上蟲蟲。蟲蟲雖小，但志氣和你一樣高唷！（蟲小志氣高！）

沼笠航

月川 螢

喜歡閱讀，不太喜歡人類，基本上是個經常
窩在圖書館裡的大一學生。雖然有點怕蟲，
但基於某種因緣遇上了喜歡蟲蟲的人，從此
陷入昆蟲的世界。好像也沒有很喜歡自己的
名字……？

天道 光

熱愛昆蟲和音樂的紅髮高中生。基於某種原
因沒去學校上學，但因為充滿活力與好奇
心，目前擔任吉丁蟲博士的助手（？）。又
基於某種原因，總是穿著帽T。

虹村玉緒（吉丁蟲博士）

雖然看起來像個怪人，卻是一位對昆蟲瞭如
指掌又才華洋溢的生物學家。專長是研究吉
丁蟲……啊，不對，是昆蟲們的奇妙生殖行
為。她是天道光的表姐，偶爾會教她功課，
或是讓她幫忙做研究。

搭載多次元生物機能的人工智慧機器人
BG-64TR（綽號：蟲蟲太郎）

除了對昆蟲的行為進行追蹤、觀察和分析之
外，還能對生態進行詳細解說，是極為聰明
的蟲型AI機器人。由某位精明能幹的工程師
研發，再由吉丁蟲博士輸入數據，對昆蟲學
有極大的貢獻……應該吧？

序章

我把一整天都還讀不完的書給借回來了，可是好……重啊？

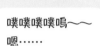

噗噗噗噗嗚～～
嗯……

啊啊～～～！蟲蟲太郎！！

咦？！蟲蟲……？什麼？
這到底是什麼！？

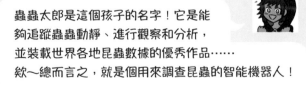

蟲蟲太郎是這個孩子的名字！它是能
夠追蹤蟲蟲動靜、進行觀察和分析，
並裝載世界各地昆蟲數據的優秀作品……
欸～總而言之，就是個用來調查昆蟲的智能機器人！

我──我叫做蟲蟲太郎！
你──你好啊，請──請多多指教！！

咦～～平時講話不會拖這麼長啊……
是不是剛剛的重擊讓它秀逗了？
看來得重新開機……

……什──什麼跟什麼，這些人（？）……

ㄅ分鐘後……

對不起，用那麼厚重的書 K 下去。
因為突然飛過來，覺得害怕，所以就……
沒關係嗎？那隻，蟲……？機器人……？

給大家添麻煩了。容我重新自我介紹，我叫做蟲蟲太郎。
是地球上最聰明的蟲型機器人。

還好，看起來沒壞掉呢……
我叫天道光。

我是……月川螢。

螢火蟲小姐！哇喔～好美的名字啊～！

……我不覺得美，什麼的……
螢火蟲只不過是普通的蟲……

這世界上可沒有什麼是普通的蟲喲！！

……哈啊～

好吧，看來蟲蟲太郎已經修復……
我就來教教螢火蟲小姐明白螢火蟲究竟有多麼了不起吧！

啊？突然在說些什麼啊……

沒——沒問題～！
螢火蟲小姐有多棒……講給螢火蟲知道！

……真的有修好嗎？

告訴我！蟲蟲太郎

什麼是「昆蟲」？

我只知道
我不喜歡……

簡單來說，昆蟲是「節肢動物」的一個類群！
最明顯的特徵是身體分成「頭部、胸部、腹部」三個部位。

「6隻腳」、「4片翅膀」、「堅硬的外骨骼」等也是昆蟲的主要特徵。

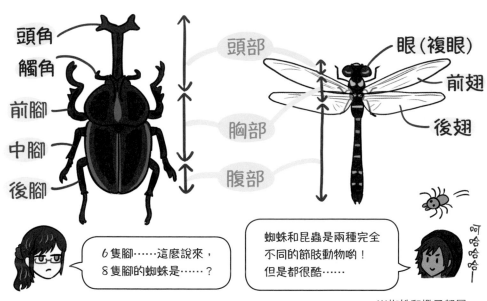

頭角
觸角
前腳
中腳
後腳

頭部
胸部
腹部

眼（複眼）
前翅
後翅

6隻腳……這麼說來，
8隻腳的蜘蛛是……？

蜘蛛和昆蟲是兩種完全
不同的節肢動物喲！
但是都很酷……

※蜘蛛和蠍子都屬
於蛛形綱。

昆蟲出現在4億8000萬年前，
擁有比人類還要長久的歷史！

古生代	中生代	新生代

4.8億年前
（奧陶紀），
昆蟲現身。

4億年前，
有翅膀的
昆蟲出現。

1.5億年前
（侏儸紀），
大多數現有的昆蟲
都出現了。

20萬年前，
人類出現

4.1億年前（泥盆紀），
最古老的昆蟲化石。

螢火蟲

最受人類喜愛的一種昆蟲……
那就是螢火蟲!

腹部的「發光器」是透過
化學反應產生光亮!
螢火蟲的光具有各種不同
的功能……

就像「方言」一樣,
不同地區的螢火蟲,
發光的方式也不同。

哎呀哎呀
好可愛的亮光啊,我還
以為是迷你燈泡呢!

西　東

在讚美我嗎?

我覺得
不是。

求偶

分布在北美地區的
北美螢火蟲。

日本的源氏螢
和平家螢是在河
邊度過一生的水生
螢火蟲。

警告外敵,自己不可口

万好吃

這麼難
吃嗎?

螢火蟲的光和電燈泡
不同,不會變熱……
也有不會發光的螢火蟲喔!

例如:北方鋸角螢。

喀——滋

一起發光
發熱吧!

熱到爆的
電燈泡

万要!

水生螢火蟲是很罕見的喲!

嘎……

是喔!

基 本 資 料　稀有度　★

分類　鞘翅目螢科

分布地　世界各地
熱帶至溫帶的潮溼環境為主要棲息地。日
本從北海道至琉球群島全域均可見。

大小　成蟲為 5 ～ 30 毫米

種類　全世界約有2000種,日本約有50種
在日本,大家最熟悉的是會發光的源氏螢
和平家螢,但不會發光的螢火蟲也很多。

食性　花蜜、花粉等
雖然有像妖婦螢屬的雌蟲會吃掉同類,但
主要是吃花蜜、花粉等。實際上,也有完
全不進食的螢火蟲,這類螢火蟲會在幼蟲
時期儲存養分,並在繁殖活動結束之後,
終結一生。

螢火蟲殺害事件！暗夜中閃耀的「魔性」之光

螢火蟲一到戀愛季節就會利用光來彼此溝通。

核斑螢屬的雌性螢火蟲會對喜歡的雄蟲發出閃光……

妖婦螢屬的雌性螢火蟲則會利用閃光進行「詐騙」！模仿核斑螢屬雌蟲的閃光來引誘雄蟲！

這種擁有奇特習性的雌性螢火蟲被套上了「魔女」之名。

妖婦螢屬的「魔女」會用所有的腳，將不幸的核斑螢屬雄蟲緊緊的抱住。

這種擁抱並非真愛，而是「死亡之擁」！用結實的顎部迅速咬住雄蟲，劃出傷口，開始放血。

然後從柔軟的部位（例如頭部）開始，往腹部依序吃下去……！慢慢的咀嚼，大概幾小時就能吃個精光。

好——好過分啊……為什麼要欺騙和自己同類的螢火蟲來吃呢？

核斑螢屬的雄蟲身上具有「螢光固醇」*，這種有毒物質會讓捕食者避之唯恐不及……

不過，妖婦螢屬的魔女卻是為了奪取血液中的螢光固醇，而吃下核斑螢屬的雄蟲。「詐騙」可是好處多多喲……

8

＊ 類似蟾蜍毒素的防禦性類固醇。

「奪取別人的毒」……
這種事有可能做到嗎？

我在蠅虎大人（跳蛛）的
協助下，做過實驗喔！

將吃下核斑螢屬的妖婦螢屬雌蟲（A）和沒有吃的雌蟲（B），分別餵食給蜘蛛。蜘蛛完全不碰雌蟲（A），卻攻擊了雌蟲（B）！

結果可以清楚的看出，這群「魔女」從核斑螢屬「奪取」的毒性，對於自我防護是很有效的。

妖婦螢屬雌蟲奪取螢光固醇的方法除了「詐騙」，還有各式各樣的手段。例如單純的「暗夜偷襲」！

不只會埋伏而已，還會毫不留情的攻擊飛行中的核斑螢屬喔！

此外，還有一項絕招就是「偷」！

躲藏在蜘蛛網附近，靜靜的等待核斑螢屬雄蟲撞上蜘蛛網……

妖婦螢屬雌性會跳上蜘蛛網，將被蜘蛛絲捆得緊緊的雄蟲直接整個偷走。

有「詐騙」、有「夜襲」，還有「偷竊」！
在充滿愛與死的嚴酷夜晚裡，螢火蟲們
繼續生存著……！

……你是要告訴我螢火蟲有多棒，是吧？

沒錯，就是這樣！怎麼了嗎？
螢火蟲是不是很棒？

 「詐欺」、「夜襲」、「偷竊」……這些哪裡算很棒？
沒想到螢火蟲是這麼可怕的蟲，真是大受衝擊啊！

咦——咦？不是很酷嗎？
螢火蟲世界裡的高級情報戰，天天都在上演呢！
對吧，蟲蟲太郎？！

核斑螢屬的雌蟲喜歡發出燦亮光彩的雄蟲，但是太過醒目
的雄蟲容易被「魔女」攻擊……
這種賭上性命的發光平衡，真的要非常小心注意才行呢！

 這就是身為雄性的困擾啊……
螢火蟲的世界果然奇妙無比！

 應該是「治安不好」吧……

不是只有這樣而已吧！
螢火蟲還有更多的祕密密喔喔喔喔喔……

哇喔，蟲蟲太郎又秀逗了！
必須趕快把它帶回研究室才行……
啊～要怎麼跟博士解釋呢……

 ……（博士？）……我也跟你一起去……
「秀逗」的問題，我也有一部分責任……

真的嗎！？那就一起去研究室吧！！

目 錄

前言……2

登場人物介紹……3

愛與死之光 ▸ **螢火蟲**……7

第 **1** 章 神祕！

蜜蜂、水黽、瓢蟲……
生活周遭的昆蟲世界

跳舞吧，民主之蜂！ ▸ **蜜蜂**……17

老天爺有眼看得清 ▸ **瓢蟲**……21

池塘裡的鱷魚 ▸ **水黽**……25

一心一意跳高高 ▸ **跳蚤**……29

毒殺之王 ▸ **日本大虎頭蜂**……33

像翠玉般閃閃發亮 ▸ **吉丁蟲**……37

只有鐮刀才知道的世界 ▸ **螳螂**……41

夕陽下的巨龍 ▸ **蜻蜓**……45

遠在天邊近在眼前的藍 ▸ **青斑蝶**……49

第 **2** 章 驚異！

沙漠的求生者、空中的建築師、
森林的清道夫
地球是昆蟲行星

顎部就是我的生存之道 ▸ **智利長牙鍬形蟲**……59

在灼熱與雨中的睡美人 ▸ **嗜眠搖蚊**……63

沙漠求生者 ▸ **沐霧甲蟲**……67

算好質數再起飛 ▸ **質數蟬**……71

空中的建築師 ▸ **編織蟻**……75

我們都是好兒鄉！

熱帶雨林的奇蹟 ▸ **角蟬**……79

歡迎光臨菌類王國 ▸ **大白蟻**……83

以長遠的眼光來看 ▸ **柄眼蠅**……87

〔番外篇〕終極毀滅雄性的細菌 ▸ **沃爾巴克氏菌**……91

第**3**章 雄偉！ 〉有人類生活的地方就會有昆蟲……
人類與昆蟲的故事

在絲線的盡頭 ▸ **蠶蛾**……99

天譴之蟲！？ ▸ **沙漠飛蝗**……103

雌雄轉換 ▸ **巴西小囓蟲**……107

推動太陽 ▸ **推糞金龜**……111

黑色書寫家 ▸ **癭蜂**……115

永恆的生命之紅 ▸ **胭脂蟲**……119

血的命運 ▸ **蚊子**……123

來蟑螂森林吧！ ▸ **馬達加斯加蟑螂**……127

巴西小囓蟲

哪個才好呢？

專　欄

告訴我！蟲蟲太郎……6

告訴我！吉丁蟲博士……16,54

我喜歡的昆蟲……56,96,133

結語……141

參考文獻……142

第 1 章

神祕！

蜜蜂、水黽、瓢蟲……
生活周遭的昆蟲世界

到了！這裡就是吉丁蟲研究室！
博士博士博士，吉丁蟲博士！

吉丁蟲……？

很吵吧，小光！

你居然擅自把蟲蟲太郎帶出去。
萬一發生什麼問題，你負得起責任嗎？

哎呀博士……您不論什麼時候都如此亮麗啊！
那個蟲蟲太郎好像有點秀逗吧～！☆

嘎？！你剛說了什麼，小小聲的那個？
我可是聽得很清楚的喔！「蟲蟲秀逗」？！

叫我嗎？蟲蟲沒有問題啊！叫做秀逗的
傢伙伙オオオオオオオオオオオオ

果然有問題……小光，你這傢伙，竟然把它弄壞……

欸，這不是天道同學一個人的責任。我不小心
拿書K了它一下才會變成這樣……

咦？這個孩子是……？

這位是月川螢小姐！名字很好聽吧？
你可以叫她小螢！

不要隨便幫我取小名啦！

小螢，這是虹村玉緒博士！
你可以稱呼她吉丁蟲博士！是個天才昆蟲學家喔！
不過有時候很可怕……

你的悄悄話，說得比你以為的還要大聲喲！

14

欸，博士……是吉丁蟲博士製造出蟲蟲太郎的嗎？

 不不，我只是個微不足道的天才昆蟲學家。
製造它的是我的搭檔，一位超級工程師！
她是以動物為本的仿生機器人專家……
為了觀察金剛猩猩，現在跑到非洲去了。

 是……是嗎，好厲害啊！

 媽媽！製造了蟲蟲太郎！如今要製造金剛猩猩！

 不過，蟲蟲太郎真的壞掉了嗎……？
要是連我輸入的昆蟲數據都消失的話，
你就是個不合格的助手了，小光……

 嗯……可是它剛剛做了螢火蟲的詳細解說喲……
對了！我們來確認一下其他的數據是不是也沒問題吧！
要是小螢也能一起幫忙的話就太好了……

 欸……可是，我很怕蟲吧……

 所以才希望你能認識昆蟲世界的奧妙啊！
這肯定就是我們的緣分啦！

 是嗎？小螢，如果你願意，可以陪陪她嗎？
小光這傢伙，沒去上學，所以也沒朋友……

 ……

 你們竊竊窣窣的在小聲說什麼啊？
那就馬上開始吧，蟲蟲太郎……
超棒的昆蟲生活百態！開始介紹吧！

 蟲蟲了解，太郎得令！

15

告訴我！吉丁蟲博士

到底有多少昆蟲？

地球上的昆蟲大約被分類成30個類群（＝目）。

內口綱	螳螂目
原尾目	蜚蠊目
雙尾目	等翅下目
彈尾目	嚙蟲目
外口綱	纓翅目
石蛃目	半翅目
衣魚目	蛇蛉目
蜉蝣目	廣翅目
蜻蜓目	脈翅目
蛩蠊目	鞘翅目
螳螂目	捻翅目
革翅目	長翅目
襀翅目	隱翅目
紡足目	雙翅目
缺翅目	毛翅目
竹節蟲目	鱗翅目
直翅目	膜翅目

原尾目一族

雖然沒有眼睛，
也沒有觸角，卻
被包含在廣義的
「昆蟲」裡。

蜻蜓目
白刃蜻蜓

直翅目
中華劍角蝗

把「目」再做更細的分
類，最後會成為最基本
的分類單位「種」。

界：動物界
門：節肢動物門
綱：昆蟲綱
目：鞘翅目
科：金龜子科
屬：獨角仙屬
種：獨角仙～喔！

哇啊～！！

螳螂、蟑螂和白
蟻的關係出乎意
料的親近呢！

琉璃星
天牛

鞘翅目是數
量最多的物種
（約35萬種）。

其次是鱗翅目
（約17萬種）！

白粉蝶

提高警戒！

昆蟲的種數非常龐大。
已經被命名的物種約有80萬～150萬
種，如果包含尚未命名的物種在內，
應該會是目前的2倍～幾十倍。

事實上，全世界所有的動物，有「2/3」都是昆蟲！
地球真可以稱得上是「昆蟲之星」呢！

蟲蟲星球

蜜蜂

大家熟悉的蜜蜂在昆蟲界，具有極高超的溝通技巧！

當工蜂發現大量花蜜或花粉的優良覓食場所時，會以「8字舞」的飛行曲線，將訊息傳達給同伴！

接收情報時，蜜蜂們會圍繞在「舞者」四周，並以觸鬚碰觸。

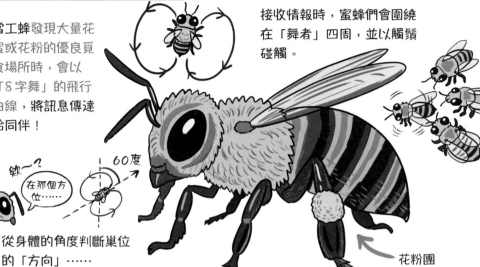

從身體的角度判斷巢位的「方向」……

在那個方位……

60度

大概要飛這麼遠……

以振動翅膀的「頻率」，來表達巢與蜜源之間的「距離」。

嗡 嗡 嗡 嗡

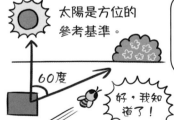

太陽是方位的參考基準。

60度

好，我知道了！

將方向和距離等情報化為「暗號」，再讓同伴們解讀……能夠做到這種程度的昆蟲相當稀有。

是喔……

基 本 資 料　　稀有度 ★★

分類　膜翅目蜜蜂科蜜蜂屬的總稱

分布地　世界各地

代表性物種西洋蜂分布於全世界，已知有24個亞種。亞洲有東方蜜蜂，在台灣稱為中華蜜蜂，日本可見的是日本蜂和西洋蜂。

大小　成蟲為 10 ～ 20 毫米

西洋蜂的體長約13毫米，日本蜂的體長約12毫米。

種類　全世界約有9種，日本和台灣約有2種

食性　花蜜、花粉

花蜜的主成分是製造能量的糖。花粉包含了蛋白質、維生素和礦物質等。花蜜以蜂蜜的形式、花粉以蜂麵包（把蜂蜜和花粉混合在一起的存糧）的形式儲存在巢中。

花粉團

蜜蜂，命運的選擇？！

每到春天，蜜蜂就會進行「分蜂（分巢）」的活動，另外尋找新的居住場所！
築巢場所如果選得不好，就會直接通向「死亡」。
這是攸關群體命運的「存亡問題」！

選巢的期限只有短短幾天……然而，選到條件不好的巢穴，最後導致蜂群死光光的例子也很常見。

好嚴酷啊……

在大自然中，一個小小的失誤都會導致滅亡……

「短時間內選擇最佳場所」的不可能任務，讓人聯想到「競選」……這項「民主」的溝通方式。

成千上百的偵察蜂離巢去尋找理想的新居候選地。

尋獲理想候選地的偵察蜂回到巢中，
會以跳舞的方式宣傳「那個地點超級讚！」

蜂群看過所有舞蹈之後，會像「開會」般進行決議！

可是，光憑「跳舞」怎樣把候選地點的好壞傳達給其他蜜蜂呢……？

看起來，跳舞的「熱情」是主要關鍵。

是神之領域啊！

無知的傢伙，人生有一半是白活了啊！

要是偵察蜂很喜歡自己找到的地點，就會強烈的展現出牠的「熱情」。

相反的，如果沒有很喜歡，跳舞的熱情就會很普通……

充滿熱情的舞蹈可以持續很久。

需要談到這種程度嗎……

我以「蜂格」保證這項作品絕對值得期待。我的意思是……

在大批蜜蜂反覆跳舞展示提案的過程中，蜂群的關注會逐漸集中到一個候選地……而實際上，這個場所幾乎就是最佳的選擇！

作品？

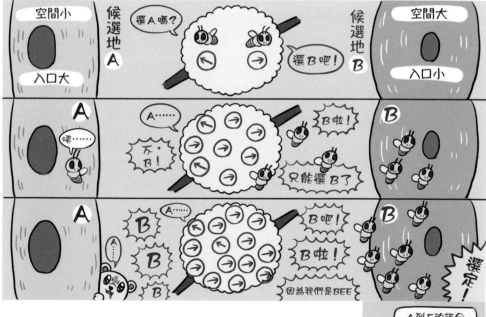

不像人類擁有智慧的蜜蜂，卻用類似「競選」和「開會」等溝通方式做出最佳選擇！這讓人聯想到網路時代的「集體智慧」，原來蜜蜂從很久很久以前開始就有「智能」行動了……

嘿，蟲蟲太郎解說昆蟲知識倒是很正常呢⋯⋯
居然會「競選」！蜜蜂真是了不起啊！

⋯⋯小蟲子集團，居然可以做出這麼困難的決斷，
實在⋯⋯令人驚訝呢！

曾經有人說，數萬隻蜜蜂群聚，如同一個
「巨型的生命體」⋯⋯

「巨型生命體」嗎？真是好有型啊！

應該是在說「巨大」吧⋯⋯

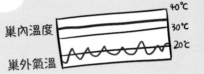

看看這張圖表。蜜蜂在育幼時期，不論巢外的氣溫有
多大的變化，巢內的溫度大致都維持在 35℃ 左右。

35℃⋯⋯和人類的體溫差不多呢！

嘻嘻！⋯⋯從這樣的「溫度調節」，到食物的攝取
和消化、營養均衡的維持，以及剛才討論的「行動
決策」⋯⋯整個蜂群就像是一個生命共同體呢！

牠們最厲害的就是溝通能力。有研究者透過各項實驗，
將蜂群進行「競選」和「開會」等過程，與我們靈長類
使用「大腦」來決定意志的過程進行比較研究。

也就是說⋯⋯我們的大腦就像是
一群聚在一起的蜜蜂？

呃⋯⋯想起來就讓人起雞皮疙瘩⋯⋯
（難得我開始有點佩服了說⋯⋯）

瓢蟲

形形色色的小甲蟲一族!

卵 → 幼蟲 → 蛹 → 成蟲

☆ 7

分布在日本的瓢蟲大約有180種!

具有7個黑點的「七星瓢蟲」。

不論是幼蟲或成蟲,主要都以蚜蟲為食。

成 幼

嗚哇!

蚜蟲當然不會乖乖等著被吃!

花樣豐富的「異色瓢蟲」。

蚜蟲分泌的甜甜汁液(蜜露)會引來螞蟻,幫牠們趕走瓢蟲。

咻～

咕嗚嗚……

基本資料 　稀有度　★

分類　鞘翅目瓢蟲科的總稱

分布地　世界各地

異色瓢蟲廣泛分布於亞洲地區,與七星瓢蟲一起被列為代表性物種。隱斑瓢蟲則分布於日本的本州、九州、琉球群島,以及中國等地。

大小　成蟲為1～10毫米

異色瓢蟲、隱斑瓢蟲約6毫米。

種類　全世界約5000種,日本約150種,台灣超過200種

食性　蚜蟲

以成蟲的食性來說,異色瓢蟲會吃附著在各種樹上的蚜蟲。隱斑瓢蟲被認為只吃生長在松樹上的松柏大蚜,然而「不易捕捉」、「數量稀少」、「營養成分低」的蚜蟲,其實對生長沒什麼幫助。

被逐出天堂的「禁忌之愛」？！

喔⋯⋯狸貓啊狸貓⋯⋯你為什麼是狸貓？

浣熊

因為我是狸貓，所以我們無法在一起⋯⋯

不同物種即使交配也無法留下後代⋯⋯這是生物的基本原則。

可是在不同種（儘管是非常相似的近緣物種）的異色瓢蟲和隱斑瓢蟲之間，卻有著「禁忌之愛」⋯⋯換句話說，牠們常發生異種雜交。

異色瓢蟲

隱斑瓢蟲

在培養皿裡，放進雌性、雄性各一隻的異色瓢蟲和隱斑瓢蟲來進行實驗⋯⋯

咦？算了，都好啦！

不論哪一類雄蟲對同種類的雌蟲求愛是理所當然的，但有時也會追求其他種類的雌蟲。而雌蟲也一樣，幾乎每次都會接受雄蟲的追求進行交配。

異色♂
隱斑♂
異色♀
隱斑♀
全部OK

不過就算交配了，不同物種仍然是不同物種。即使雌蟲真的生產，卵也絕對不會孵化⋯⋯

靜悄悄

咦？

什麼都不會孵出來喲！真抱歉！

從繁殖的觀點來看，異種間的「禁忌之愛」完全是個「錯誤」！是浪費昆蟲寶寶如此珍貴資源的一種行為⋯⋯

既然是浪費的話⋯⋯為什麼「禁忌之愛」會繼續存在呢？

也許「錯誤」也是一種有意義的存在吧⋯⋯

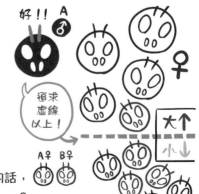

好!! A ♂

♀

追求虛線以上！

A♀ B♀

大↑ 小↓

舉例來說，假設雄蟲以雌蟲的「身體大小」為基準，作為判斷「是同種還是異種」的根據。只要徹底對「比某個基準大」的雌蟲展開追求的話，應該就有可能減少對異種求偶的「錯誤」才對⋯⋯？

不過！一旦遵從「身體大小」這種選擇標準，一定會有部分的同種雌蟲被遺漏！

但為了減少錯誤的發生，一部分被遺漏的同種雌蟲就成了犧牲品。

太小！那就算了……

哼！

但我是同種呀……

另一方面，雄蟲若是「來者不拒」，雖然錯誤的可能性會變高，但遇上同種雌蟲的機會也會增加！

眼裡都沒有我們！

就是啊！

全部OK！

嘿心……

喔喔

找錯對象了吧！

有夠輕浮

即使「錯誤」的浪費資源，也仍然是「來者不拒」比較有利（？）嗎……

據說，比較能夠順利區分雌蟲種類的異色瓢蟲，可以在「來者不拒」戰術上獲得較多的好處……！

「禁忌之愛」的悲歌……

周圍如果有異色瓢蟲，隱斑瓢蟲的求偶判斷力就會下降，變得比較不容易找到同種雌蟲。

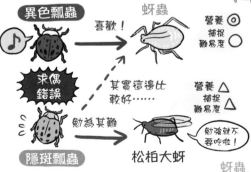

哈囉～

模模糊糊……

你是哪一種？

隱斑 ♂

異色瓢蟲

喜歡！

蚜蟲

營養 ◎
捕捉難易度 ○

求偶錯誤

其實這邊比較好……

營養 △
捕捉難易度 △

隱斑瓢蟲

勉為其難

松柏大蚜

勉強就不要吃啦！

像隱斑瓢蟲這樣的狀況，是不是很像因為「禁忌之愛」，而被滿溢豐富食材的「天堂」給放逐的一群？永遠也回不去了……

於是出現一種有力的演化假說，認為隱斑瓢蟲為了避免「求偶錯誤」，會特意避開有異色瓢蟲聚集的蚜蟲棲息地，勉強去吃不太美味的蚜蟲。

蚜蟲

蚜蟲樂園出口在那邊

嗚哇！

不好吃

那就別吃啊！

23

由於來者不拒的「禁忌之愛」，居然被「逐出天堂」！完全無法想像這是可愛瓢蟲的故事……

真是悲慘啊……

 好浪漫呀……

什麼……！為了避免「求偶錯誤」而被驅逐，一輩子只能「吃著還算過得去的食物」的命運，不是超級悲劇嗎……？

 那也是另一種演化的形式……！

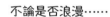 不論是否浪漫……
事實上，也有可能在隱斑瓢蟲的演化過程中，比起選擇「食物」的品質，反而優先選擇了確保「繁殖」的延續性！這就是所謂的「去『食』求華（花）」嗎？哈哈！

吃糰子？
還是賞花？

（該說她講得好，還是講得不好……）

為什麼隱斑瓢蟲會去吃那些「不怎麼美味」的蚜蟲，至今仍舊是個謎……不過，這種乍看之下好像不合理的飲食習慣，卻有可能與異種之間的「求偶錯誤」這項預料之外的因素有著密切的關聯性，真是……太有意思了！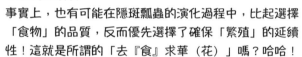

反過來說，我們現在所看到的各種生物的「最新演化」，也不一定就是最完美、最合適的演化，可能有不少都是「不得已」的演化。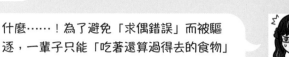

不論是避免「錯誤」或是逼不得已，究竟是什麼導致了演化？

 這個「只有老天爺才知道」了！

水黽

在水面輕盈優游移動的昆蟲。

在昆蟲之中，能夠在水面上行走的物種僅有0.1％！

其實是非常稀有的技能。

英文叫做water strider（水上滑行者）。

掉落在水面上的昆蟲，會變成水黽的獵物！
因為牠能敏銳的察覺獵物引發的水波紋……

嗚哇！
啪答 啪答

死神之眼

進行攻擊吸食體液！

吸咻
嗚哇

因為牠們會釋放出像糖一般的甜味，所以日文漢字也寫作「飴坊」。

來，棒棒糖！

嗚哇！ 吸咻

水黽的幼蟲

出——出乎意料的可怕……
簡直就像鱷魚一樣呢！

滴答水黽鱷

呃呀！

我不怕！
白浪滔滔
鹹鹹又甜甜

海黽

是少數能進出大海的昆蟲之一。

基本資料　稀有度 ★

分類　半翅目水黽科的總稱

分布地　世界各地
尤其以熱帶地區分布最多。

大小　成蟲約3～26毫米
前腳短，中腳和後腳很長，特別是中腳的長度明顯超過體長。

種類　全世界約1000種，日本約20種，台灣約18種

食性　小型昆蟲
掉落到水面的螞蟻等昆蟲。以前腳捕捉獵物，再用像針般的尖銳口器刺穿身體吸食體液。

奔跑、跳躍、拯救世界！

話說回來，水黽為什麼可以浮在水面上呢？是因為很輕嗎……？

雖然這也是原因之一……但腳的結構才是最大關鍵！

水黽的腳尖上長滿帶有油質的細毛，細毛間含有空氣，具有防水效果！

當水黽在水面上時，水的表面張力會撐住水黽的腳，形成下凹的狀態。

水

表面張力

再加上腳在水面做出波紋，這些漩渦能夠以每秒100公分的速度，讓水黽像在水面上滑行般的移動。

「池上的溜冰者」這個別稱並非浪得虛名……

冰上水黽

從物理學的觀點來看，水黽的身體很適合在水面上行走！腳的前端就像滑水板一樣，貼服在水面上。

你居然不會沉下去！

到底為什麼呢？

碰觸水面的部分大約有1公分。表面張力向上的力量，比水黽的體重還要大。

1公分

最大的水黽腳長可以超過20公分！體重則大約是重量3公克最小品種的1000倍左右。

洗潔劑

嘿咻！

嗄?!

撲通！

如果水黽的腳上沒有油質，一旦接觸水面，就會沉到水中溺斃。若是能夠分解油汙的洗潔劑混合在水裡，牠們的麻煩就大了……

噗嚕噗嚕

反過來說，有水黽生活的河川和池塘，水質比較乾淨。

水黽在水面上展現的精彩動作，深深吸引了人類……
世界各地紛紛開發以水黽為原型的機器人。

韓國研發的水黽型機器人和水黽一樣能浮
在水面上，並且重現跳高的動作。

四隻腳先盡可能的往外伸展，再迅速向
身體縮回！
從腳的伸縮產生波紋到水面恢復平靜，
水的波動就成為跳躍的原動力！

這個動作在機器人的開發過
程中，被完整揭露出來。

預　備　～　起　跳

當水災發生時，若能透過水黽型機器人裝設的小型
攝影機，就可深入人類無法進出的地區探查。

如果裝上化學物質偵測器，也能調
查水源是否含有毒素。
既可以進行水質調查，或許也能用
來去除浮在水面上的汙染物質。

鳴～～呀

日本也正在開發約80公分的大型機種！
對擁有廣大水域的國家來說，這種機器人一定能積極發揮作用！

還可以拯救
河童！

鳴～～呀　救救河童

希望不會
溺死。

水龜型機器人……不只帥氣，還能拯救人類的性命！真是有夠浪漫的啊！

將生物的技能或是身體的結構活用在科學技術開發上，稱為仿生學（Biomimetics）。目前各個領域都在著手進行呢！

除了昆蟲，像「利用壁虎腳的吸附力來製造魔鬼粘」的活用法也很有名喔！

昆蟲的仿生運用，也出乎意料的就在我們生活當中。例如，蛾的眼睛擁有不會反射光的構造，手機和電腦螢幕的「抗反射薄膜」就是模仿這項機能的產品喔！

什麼！那薄膜是蛾的眼睛……
（有點可怕）

我要收要嘍！

在機器人的領域，昆蟲的仿生學正在蓬勃發展！為了要開發出兼具速度又耐用的機器人，科學家至今仍不斷在努力研究。
嗯，不過還沒有像蟲蟲太郎這麼優秀的機器人。

哈啊……話說回來，蟲蟲太郎是以哪一種蟲作為設計原型呢？

喔……除了赫克力士長戟大兜蟲，還會是什麼呢？不要跟我說你沒看見我頭上這雄偉的角喔！

我是沒有看見啊！那不是角吧，那個……

唉……？怎麼會有這種蠢蠢……事事……
呢呢呢呢呢呢呢

啊，我開玩笑的，只是玩笑，看得出來啦，雄偉的角！
（沒想到這麼玻璃心……）

一心一意跳高高

跳　蚤

主要寄生在哺乳類身上的小昆蟲！擅長以強而有力的後腳快速跳躍。

噗～呦

嗚嗚

東京都廳

成蟲能夠跳到自己體長100倍的高度！

是藉由感受體溫和二氧化碳來尋找宿主。

唉？

一般認為牠們是從蠅類演化而來。

啊……

會附著在貓之類的動物身上吸血。

貓蚤

用飛行能力換得跳躍能力？

跳蚤知識

日本名曲「踩到貓」，在許多歐美國家稱為「跳蚤圓舞曲」（The Flea Waltz）。

起源於巴黎的「跳蚤馬戲團」也非常受歡迎。

跳蚤能拉動比自己重好幾倍的玩具馬車。

好癢

抓抓

正確

抓抓

加油～

要付我薪水啊！

嘿呦

嘿呦

嗒隆

嗒隆

基本資料　　稀有度 ★

分類　蚤目的總稱

分布地　世界各地
世界各地都有分布。主要有寄生在狗身上的狗蚤、寄生在貓身上的貓蚤，以及寄生在人身上的人蚤等。

大小　成蟲為 3～26 毫米
雌性的體型比雄性大。由於這項特點，日本人就將妻子體型比丈夫大的夫妻，稱為「跳蚤夫婦」。

種類　全世界約有 2000 種，日本約有 75 種，台灣有超過 30 種

食性　動物的血液
成蟲主要寄生在哺乳動物的體表，吸食血液。幼蟲則以成蟲的糞便或動物的食物碎屑等為食，並不吸血。

29

跨越時空的跳蚤

擅長大幅度跳躍及吸血的跳蚤，透過附著在各種動物身上、
適應多樣環境而存活了下來！

貓蚤是貓咪
才有的嗎？

沒錯，貓咪
專屬。

搔搔
搔搔
騙人！

※也會寄生在狗
或人身上。

雖然跳蚤寄生的對象各式各樣，
但截至目前所知，有94%的跳蚤是寄生
在哺乳類身上，其餘則寄生在鳥類身上。

可是在馬來西亞的鹿洞，居然有跳蚤附著
在牆上爬來爬去的蟑螂身上！

蟑螂？跳蚤會附著的，
不是只有哺乳類和鳥類
而已嗎？

洞窟中的成年跳蚤雖然會尋找寄生對象，但是洞窟裡棲息的動物
（除了節肢動物）就只有蝙蝠！
而即使擁有跳躍能力的跳蚤，也很難跳到飛行中的動物身上……

因此，一旦附著在蟑螂身上，就能
像搭便車一樣被帶往洞窟天花板……
這是目前最有說服力的推論！

這是稱為「攜播共生」的寄生關係！
只要能夠確認洞窟裡的跳蚤、蝙蝠和
蟑螂之間的這種關係，世界上又將多
一項珍貴的研究案例。

真是重大的
發現呀！

跳蚤的大膽作風，似乎是從遠古以來就有的天性。

據說大約在1億5000萬年前，跳蚤就已經附著在巨大的恐龍身上！

手太短了，撓不到癢癢處……

搔搔

搔搔

吸咻咻

在中國的內蒙古自治區，發現了大約侏羅紀中期至白堊紀初期的巨大跳蚤化石。大小將近有20毫米！

20毫米

跳蚤博物館

好大喔～

據說是以鉤形的爪子附著在有羽毛的恐龍身上，再用鋸齒狀的細長口器穿透皮膚吸血……

咦？

現代的跳蚤大約3毫米。

噗呦　噗呦　噗呦　噗呦　噗〜呦

6500萬年前恐龍滅絕之後，跳蚤依舊在地球上生活，並且繁榮興盛。

唬啊

牠們和現代的跳蚤不同，雖然沒有大躍進的能力，但長久以來對環境的適應力一直都很強。

為了生存下去，宿主換成了哺乳類和鳥類，在這個過程中，身體慢慢變小、跳躍力愈來愈高。

噗呦

嗯嗯～

噗一呦

飛躍吧！

從遠古到現代，跳蚤跨越了漫長的時間，演化出華麗的「大躍進」！

但是不擅長著地……

好痛！

因為是不顧一切「只要能跳到對方身上就好」的跳法，所以……

砰咚！

心跳蚤

 真是沒想到，「跳蚤市場」、「跳蚤心臟」、「跳蚤夫婦」……加上「跳蚤」兩個字的語詞還真多呢！

因為對人類社會來說，跳蚤是大家所熟悉的昆蟲……不論是好還是壞。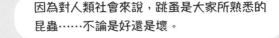

 竟然連「跳蚤馬戲團」都有吔……好想看看哪！

雖然馬戲團所使用的是大型且容易操縱的「人蚤」，但由於大家普遍使用殺蟲劑的關係，讓人蚤的數量急劇減少，跳蚤馬戲團也就跟著沒落了……

中世紀，在歐洲爆發的黑死病，就是以「附著在老鼠身上的跳蚤成為細菌傳播媒介」的說法為主要論述，因此讓人類拚命的想驅除跳蚤。世界變得乾淨衛生雖然是好事，但對於跳蚤來說，就變得難以生存了。

 嗯～跳蚤的話題講著講，身體都開始癢起來了……這裡該不會有跳蚤吧？沒有吧……

有喔，大概有 100 隻。

 什麼？！

再怎麼說，這裡都是昆蟲研究室啊……放心吧，都養在飼育容器裡。

 啊！有 100 隻的話，就可以辦一個盛大的「跳蚤馬戲團」了！

 千萬不要啊！！

相信對方，然後放手！！　要怎麼跳？　跳就對了！

日本大虎頭蜂

世界最大的虎頭蜂！
具有極高的攻擊性和強烈劇毒，
是日本危險性最高的昆蟲。

以強韌的大顎咀嚼
獵物，做成糰子。

喀嘰喀嘰……

大顎也會
發出威嚇的
聲響……

能夠以時速
40公里飛行！

振翅聲
很大。

噗噗噗噗噗噗

喀嘰 喀嘰……

討厭～

威嚇麵包的
麵包夾

會在地面下
築巨大的巢。

樹根成為
巢的支
撐物

只有雌蜂
才有毒針。

牠們不喜歡
振動，所以……

秋天在森林
裡步行要特
別小心喔！

毒的成分很複
雜，被稱作
「毒雞尾酒」。

店長！
今天推薦
什麼？

毒！

欸～

虎頭蜂調酒師

基本資料　稀有度 ★★

分類　膜翅目胡蜂科胡蜂屬

分布地　印度、東亞
廣泛分布於印度至東亞。棲息在日本的亞
種分布於北海道到九州、種子島、屋久島
附近。台灣也有。

大小　成蟲為27～55毫米
體長為：蜂后40～55毫米、工蜂27～40毫
米、雄蜂27～45毫米。雄蜂不具備毒針。

種類　全世界約有67種，日本約有16種
（胡蜂亞科整體）

食性　闊葉樹的樹液、昆蟲
每到秋天，儘管食物變少，但養育新蜂后
和雄蜂的負擔卻變大了，性情會變得特別
凶暴。會成群攻擊螳螂或蝨斯等大型肉食
昆蟲，或是襲擊蜜蜂或其他種類虎頭蜂的
巢，以掠奪幼蟲和蛹。

怪物獵人

「最強的昆蟲」是哪一種？
這個問題的答案見仁見智！

不過日本大虎頭蜂絕對是
「最強」的候選人之一！

開始了！

強韌的大顎
連堅硬的身
體也能喀
滋喀滋的
咬碎。

特別值得一提的是，牠壓倒性的戰鬥力！

同為肉食性的螳螂也……

還會攻擊其他種類
的虎頭蜂！

無差別獵殺……

金龜子→

嗚哇！

嗚哇！

呃啊！

姬虎頭蜂

進擊的巨蜂

蜜蜂們永遠記得
那一天……

2萬隻蜜蜂共同生活的巢，
遭受一隻虎頭蜂攻擊而全軍覆沒！

「最強」的虎頭蜂也是「最可怕」的昆蟲！

熊、蝮蛇和虎頭蜂被認定
是棲息在日本的三大
危險生物。

跟熊和蝮蛇相比，每年
遭受蜂害而死亡的人數
相對比較多……！

不得了～

	1	10	20
	熊	蝮蛇	蜂

戰鬥力、機動力、劇毒，以及對人類的攻擊性……！
日本大虎頭蜂可說是世界上數一數二的「可怕昆蟲」！

如果日本大虎頭蜂是這麼可怕的昆蟲，
不就應該要全面驅除嗎？

的確，「日本最危險的昆蟲」可不是白叫的。
不過，日本大虎頭蜂也扮演著各式各樣的角色。

嗚哇！

例如，在沒有日本大虎頭蜂的小笠原群島
上，外來種西洋蜂由於沒有「天敵」
而大量的繁殖。

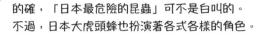

FBEEDOM

花蜂

西洋蜂

嗡嗡

嗡嗡

嗚嗚……

另一方面，原本悠閒生活的原
生種花蜂，在蜂蜜爭奪戰中敗
給了西洋蜂，因而數量急遽減少……

咦？
以前常來的
那個孩子呢？

小笠原
女貞

植物界也受到嚴重的衝擊！
因為西洋蜂授粉不佳的關係，
原生植物就沒辦法結果成長。

不知道～

嗡嗡

砰！

呃啊！

扶草也到餓

有一個和生態系有關的象徵性事件……
在十九世紀後半的北美大陸，為了要保護人類重要的食物
來源——鹿，就把會捕食鹿的郊狼獵殺殆盡……不過這樣
一來，反而導致鹿大量繁殖，草木急速減少，沒有食物吃
的鹿就全數滅亡了。

寸草不生……

為了要保護鹿，反而
讓鹿全部滅亡……真
是本末倒置啊！

所以，日本大虎頭蜂也和郊狼一樣，是在幫忙維持生態平衡囉？

對人類來說，即使日本大虎頭蜂是如此危險的
生物，但在捕食者中卻扮演著重要的角色……
這就是自然界的複雜之處。

如何與可怕又極具魅力的日本大虎頭蜂共存，
將成為人類永遠探索的課題……

別殺我！

哼！

年糕

你才比
較危險
吧？

每年因為吃年糕而噎死的
人，超過了上千人……

哇啊，虎頭蜂！

不，小螢，那隻不是蜂喔！
那是名為「食蚜蠅」的一種虻。
不論是顏色、外形和振翅的聲音都跟虎頭蜂非常相似。

虻？不是蜂啊……

大家都「搶盡『蜂』頭」，想學牠的感覺……不是嗎？

帶有毒性的生物為了要展示自己有毒，大多身上帶有黑、黃、紅等醒目的色彩。沒有毒的昆蟲為了保護自己，則會模仿蜂的外型，藉此大部分都能成功的躲過天敵。

像赤腰透翅蛾一類的蛾，會把前腳摺疊在頭部附近，讓自己的頭看起來像虎頭蜂的一樣又大又黃。

不只顏色和模樣而已，居然連飛行的姿勢也酷似虎頭蜂……根本是「完全複製」啊！

除了虻和蛾，也有天牛或蒼蠅之類的昆蟲會模仿蜂！蜂的外型在昆蟲界相當受歡迎。

虎斑天牛

擬腫腿蜂蠅

就像一種時尚潮流！

「危險的樣貌」在昆蟲界可是永恆的潮流經典呢！

吉丁蟲

身體具有美麗色彩的甲蟲代表！

因為實在太美了，英文稱為「寶石昆蟲」（jewel beetle），日文漢字則寫作「玉蟲」。

日本約有200種的吉丁蟲。

六星吉丁蟲

黑吉丁蟲

深山中細吉丁蟲

什麼什麼？

正好經過的玉蛇

以朴樹、櫸樹或櫻樹一類的樹葉為食。

咯吱咯吱

吉好吃～

經常在陽光下繞著樹木飛來飛去。

在日文中，吉丁蟲的複雜色彩被拿來比喻為「含糊其辭、模棱兩可的態度」，稱作「玉蟲色」。

嗯哼

昆蟲國寶

收藏在奈良法隆寺的國寶「玉蟲廚子」是一件以吉丁蟲翅膀做裝飾的佛龕。

是玉嗎？還是蟲？！

要說是蟲就是蟲……要說是玉就是玉。

不是玉吧！

玉蟲色答辯

基本資料　　稀有度 ★★★

分類　鞘翅目吉丁蟲科彩虹吉丁蟲屬

分布地　日本的本州、四國、九州
除了北海道，廣泛分布於日本全境。在部分縣市被認定為瀕危物種。會在闊葉樹的樹樁上或原木的裂縫處產卵。但不會選擇在活樹上產卵。台灣南北都有。

大小　成蟲為30～40毫米

種類　亞洲、非洲有40種（彩虹吉丁蟲屬），日本和台灣都大約有200種（吉丁蟲科整體）

食性　樹、葉
成蟲會吃朴樹、櫸樹、櫻樹、櫟樹一類的樹葉。幼蟲則以這些樹的枯木、樹樁的木質部為食。

值得信賴的寶石！

吉丁蟲真的像寶石一樣的美麗呢……
金屬般的質感也超酷的！

觀看的視角不同，閃亮的方式也會改變呢……
為什麼會有這麼獨特的發光感呢？

掌握關鍵就在吉丁蟲身體表面的「結構」。
來看看牠的特寫剖面圖吧！

從吉丁蟲的翅膀橫切剖面可以看見許多的薄層。

不要一直盯著我看！

從外側起，偏白的部分和偏黑的部分交替排列，大約重疊了20層。

在吉丁蟲的身體表面，各個不同的層會將各種不同的光朝不同方向反射。反射光在組合之後，看起來就會有多彩的光澤。

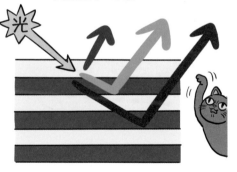

光

色素

黃色

玉蟲色

結構色

由於和色素的顯色方式不同，是透過「結構」反射光來產生顏色，所以稱為「結構色」！

具有結構色的生物非常多樣，不僅限於昆蟲。

翠鳥大人

閃蝶

藍刻齒雀鯛

嗚哇！

大人？

「玉蟲色」的生物，出乎意料的多呢……
話說回來，為什麼會呈現這麼美麗的顏色呢？

「美麗」這種說法，只是人類的主觀想法……
這些顏色的優點有好幾種可能。

保護色

警告色

食物在哪裡？

好像很難吃

金屬光

乍看很鮮豔，但如果吉丁蟲於強光下停在葉片上，卻是出乎意料的不顯眼。

這種獨特的金屬光澤對捕食者來說，就像在警告「就算把我吃了，也是很難吃的喔！」

有看出我在哪裡嗎？

一般認為，這種顏色可能同時扮演了「保護色」和「警告色」。

在各種狀況下扮演不同的角色……
結構色或許真的具有「玉蟲色」的意義呢！

今日天氣預報

有看出我在哪裡嗎？

很礙事咧！ 播出意外

「結構色」還有另一個很了不起的特點！

生！ 死……

由一般「色素」所組成的生物顏色，通常會隨著死亡開始劣化，然後消失……例如，魚或軟體動物的鮮豔體色，通常在死亡之後就退失了。

生！ 死！！

但結構色不容易退色！
吉丁蟲死後，依舊持續散發出美麗的光輝。

往昔多美好

光彩奪目……
5千萬年前

現在也很美呢！

在德國梅塞爾坑發現大約5000萬年前的吉丁蟲類化石，至今仍保有鮮豔的結構色！

超越時空，傳達遠古時代的光輝……
這就是「玉蟲色」的潛力。

「玉蟲色」的構造，也應用在工業技術上。
像是這些絢麗多彩的湯匙和杯子！

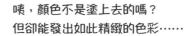

喔喔，好漂亮的金屬光澤啊！

一般金屬上色是使用塗料烤漆，但這些製品
卻是利用電極讓金屬的表面氧化。

咦，顏色不是塗上去的嗎？
但卻能發出如此精緻的色彩……

就跟吉丁蟲的結構色一樣，是通過反射光而產生複雜
且鮮豔色彩的技術。
不論經過多久，都不會退色或變色，也不必擔心塗料
融化的問題，所以能安心的放進嘴裡！
這是一項受矚目的新技術喔！

讀寫式光碟片也跟吉丁蟲的結構色很像。
背面會閃閃發亮，是因為上頭那些記錄資料數
據的小凹槽，反射光線而發出光芒。
小光也喜歡音樂，應該常常在CD上看到吧？

C……D……？沒看過也沒聽過吧！
音樂主要透過下載或是串流！
這是現代音樂界的常識啊

真的嗎？！現在的孩子都這樣嗎……？

騙你的啦！我好歹還知道CD是什麼……
我只是在實踐「玉蟲色的發言」而已！

是混淆視聽的謊言吧！

螳螂

具有鐮刀形的前腳，是擅長狩獵的肉食性昆蟲！

頭部可以180度轉動。

咕溜

喔？

蒼蠅

嗨！

鐮刀內側有兩排鋸齒。

就只是這樣嗎……

「鐮刀」不是用來切割，而是用來將獵物緊緊的抓住。

擁有與景色融合的體色。

某些種類有著像花的顏色，或如同落葉的顏色……

蘭花螳螂

寬腹螳螂

只有泡沫？

在泡沫中產很多卵。

螳螂的英文學名為praying mantis（祈禱螳螂）。

要相信鐮刀……

螳螂修女

基 本 資 料　　稀有度 ★★★

分類　螳螂目的總稱

分布地　世界各地

亞熱帶地區有較多的種類。日本各地有屬於螳螂科和花螳科的9種螳螂。

大小　成蟲（寬腹螳螂）為68～95毫米

日本最大的是寬腹螳螂。雄蟲為68～90毫米，雌蟲為75～95毫米。體色有綠色型和褐色型。

種類　全世界約有2000種，日本約有2科9種，台灣約有3科23種

食性

通常捕食比自己小的昆蟲，也會捕食大型肉食昆蟲或昆蟲以外的小動物。在獵物少的環境中，有時候會互相殘殺。

螳螂的「狩獵」本領非常厲害……！

嗚哇！

嗯？

從胡蜂、無霸勾蜓等大型肉食昆蟲，到蛇、青蛙、壁虎等昆蟲以外的小動物，列在螳螂捕食清單上的動物種類非常多……

※這個畫面是示意圖

嘰哩

嗚哇！

※示意圖

世界各地的人都目擊過螳螂捕食鳥類的情況！

偷偷～

最常被盯上的鳥類是蜂鳥……

伏擊來到花叢或餵食臺的蜂鳥，用有鋸齒的鐮刀腳緊緊的抓住，然後殺死……！

嗚哇！

甚至連水中的魚都能夠捕捉，真是非常驚人。

以睡蓮等浮葉植物的葉子當作踏腳板，等待小魚出現……

FISHING!!

躡手躡腳～

當魚兒出現在水面上時，瞬間捕獲，絕不放過！

大地、天空、河流……螳螂的狩獵舞臺是整個「廣大的世界」！

嗚哇！

大漁

竟然能捕捉游泳中的魚,真是……螳螂的眼力很好嗎?

 牠們的視力好像有著驚人的祕密。

螳螂和其他的昆蟲不同,能夠以立體視覺對焦來看東西!

為了研究螳螂獨特的立體視覺,科學家讓螳螂戴上了超小型3D眼鏡。

 螳螂戴3D眼鏡?!

好厲害～…

螳螂
3D

放映特製的「昆蟲電影」,讓類似小蟲子的圖案在螢幕上動來動去。

滾過來　滾過來
是蟲子嗎!

用2枚偏光濾鏡做成的眼鏡。

……

當「蟲子」出現時,就像具有3D效果一樣的清楚,螳螂會伸出鐮刀腳想要捕捉「蟲子」!

這表示螳螂能夠以立體視覺,來準確判斷自己和動態獵物之間的距離。

螳螂之所以能夠迅速捕捉到蟲子,甚至是魚等多種獵物,應該就是託這項傑出的視野之福吧!

預備
呼
※示意圖
咦?

假如構造單純的螳螂腦也能處理如此高度的視覺訊息,那麼輕量機器人具備「3D識別能力」的可能性就更高了。

從螳螂的視覺來看,人類要學習的東西應該還有很多很多……

哈～!!
喝?!
螳螂
VR

那個，螳螂啊⋯⋯交配的時候，雌性會把雄性吃掉是真的嗎⋯⋯？

  嗯，從頭部喀滋喀滋大口咬下去。

 呃啊⋯⋯！即使失去頭部也還能夠交配啊⋯⋯

 那是沒問題的！甚至可以說，由於頭部的抑制神經被切斷了，抑制力消失，能夠更順利交配呢！

 ⋯⋯⋯⋯ 啊，你們不需要一直往後退吧，年輕人⋯⋯
這對雄性也是有好處的喔！知道嗎？

 由於母螳螂吃下交配對象後，能夠攝取到大量的胺基酸，產下的卵可達平時數量的2倍。雄性即使被雌性吃掉，但繼承自己DNA的子孫能夠擴大繁衍的可能性也會增加⋯⋯就是這樣的理由。

 不，就算你這樣補充說明，但可怕的事物還是很可怕啊⋯⋯

以雄性來說，就算被吃掉，在某種意義上還是占了優勢吧！

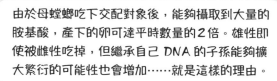 是說螳螂的互食行為是有被誇張了一些！
母螳螂也不是每一次交配都會把公螳螂給卡滋卡滋的吃下去啦⋯⋯

  公螳螂被吃掉的比例大概是多少呢？

嘿嘿！嗯⋯⋯大約是20%。

 5次就有1次，真是把命都豁出去了啊⋯⋯？

蜻 蜓

眾人熟悉的昆蟲，擁有細長的身型和翅膀！
英文叫做「dragonfly」（飛龍）。

蒼蠅龍

胸部的肌肉和翅膀很
發達，具有出色
的飛行能力！

大大的複眼！
集合了大約3萬個
小小的單眼。

能同時產生絕
佳的向上升力
和向前推力。

遠的

近的

好快喔！

據說，上半部看遠處，
下半部看近處。

專長是
飛行，不擅
長行走……

會一邊不停循環
描繪複雜的8字形，
一邊飛行。

蜻蜓的成長（秋赤蜻）

卵在泥或水中越冬，
春天孵化。

好睏～啊

幼蟲（水薑）在水中吃
其他昆蟲或魚。

嗚哇！

肚子好餓～

爬到水面的草上
進行羽化。

好睏～啊

基 本 資 料　　稀有度　★

分類　蜻蜓目的總稱

分布地　世界各地
除了極地之外，世界各地都有分布。熱帶
地區的種類最多。

大小　成蟲（無霸勾蜓）為90～110毫米
因種類而異，大型種的代表為無霸勾蜓；
小型種的八丁蜻蜓約為20毫米；豆娘約
為15毫米。

種類　全世界約有5000種，日本約有
200種，台灣約有160種

食性　蚊子、蒼蠅、蝴蝶、飛蛾等
喜歡吃在空中飛行的昆蟲（飛翔昆蟲）。
以六隻腳一把抓住的方式狩獵，即使是和
自己體重差不多的獵物，也能在短短的30
分鐘內吃完。

血淋淋？！愛的勇者（飛行）鬥惡龍

當雌蜻蜓進入自己的領域，雄蜻蜓會用腹尾部的攫握器夾住雌蜻蜓的身體建立「連結」，然後將精子傳送到腹基部的交尾器中。

由於雄蜻蜓會用交尾器碰觸雌蟲的生殖孔，所以交配的時候，會形成一個「愛心」的形狀！

攫握器 →

琉璃綠螄

↑ 雄蟲

雌蟲 ↗

緊緊

不分離

LOVE...

即使交配結束，有時候雄蟲和雌蟲還是會持續「連結」著飛行……

感情真好呢！

乍看下，蜻蜓的交配行為好像很可愛，但其實很暴力！

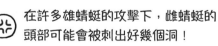

蜻蜓情侶之所以連結在一起飛行，是為了不讓雌蜻蜓被其他雄蜻蜓奪走的戰略！

雄蜻蜓會毫不留情的攻擊雌蜻蜓，用刺狀的攫握器緊緊夾住雌蜻蜓，因此而受傷的雌蜻蜓非常多……

在許多雄蜻蜓的攻擊下，雌蜻蜓的頭部可能會被刺出好幾個洞！

傷痕累累……

好痛啊……

♀

雄蜻蜓們的鬥爭總是激烈又殘酷！當有其他雄蜻蜓侵入領域時，就會強烈的加以驅趕！

喂，不要黏在一起曬恩愛！

♂

啊啊？！

你在一旁老實點！

♀

也會出現不講理的雄蜻蜓硬是要和雌蜻蜓交配，會突擊交配中的蜻蜓，強行將牠們分開！

雄蜻蜓彼此間的戰鬥如果太過激烈，有時候也會看到複數的（多的時候有4隻！）雄蜻蜓連結在一起的樣子。

喔啦！

你在做什麼啦？

♂

喂，別開玩笑了！

♂

滴可而止啦！

極為罕見的4體連結！

藍綠絲螄

♀

46

被雄蜻蜓攻擊、交配被打擾……雌蜻蜓還能安心的產卵嗎？

雌蜻蜓有終極手段……那就是「潛水產卵」！

當有太多雄蜻蜓打擾產卵，或是水面上沒有適合產卵的植物時，雌蜻蜓會賭上自己的性命，潛到水中產卵！

只剩下這條路了……

在水中由於無法飛行逃脫，所以非常危險！

產卵時可能被蠑螈捕食！

浮上水面的瞬間被水黽襲擊！

以上總總，潛水產卵是個拚命的行為！不過，為了能不受雄蜻蜓的干擾，潛水產卵的好處應該還是有的吧！

雌性的琉璃綠螅，有時候會出現稀有的體色。
稀有體色的雌性（或許不被認為是交配的對象）似乎比較不容易被雄性攻擊。

哇喔喔～

咦？好像有點不一樣……

或許是因為被雄性不斷追趕的雌性繁殖力降低，才會演化出避免雄性襲擊的體色。

此外，某些雌性的蜻蜓，具有讓雄性的攫握器無法夾住的特殊前胸背板。

咦？夾不住……

再來一次……

被麻煩的雄性攻擊，促使雌性的體色改變或是構造進化，而這又將導致雄性身體跟著產生變化……

琉璃綠螅在過去的25萬年間，誕生了18個新物種！這麼驚人的演化，有可能是嚴酷的生殖競爭交互作用下所帶來的成果……

蜻演化

血淋淋的競爭有可能導致蜻蜓的多樣性演化……
真是讓人有點目眩神迷呢！

蜻蜓的歷史可是很悠久的呢……
在恐龍全盛時期之前的古生代，巨大蜻蜓已經
在地球上咻咻咻的飛來飛去呢！

特別值得一提生活於 2 億
9000 萬年前的「巨脈蜻蜓」！
不但是蜻蜓的祖先，也是史上
最大的飛行昆蟲。

好〜好大！

巨脈蜻蜓

曾經有這樣的蜻蜓在飛來飛去啊……

一般認為是因為當時地球的氣溫和氧氣
濃度都很高，讓昆蟲容易巨大化。

由於當時昆蟲的天敵，像是蝙蝠或鳥一類能夠
飛翔的脊椎動物尚未出現，所以巨脈蜻蜓想必
時時歌頌著美好的「空中霸權」吧！
據說牠們就像現在的猛禽般捕食獵物喔！

真是太可怕了……話說回來，這種大蜻蜓的名字，
「巨」我知道是「巨大」，但「麥」是什麼？

不，並不是「巨麥」喔……
而是有巨大脈翅的「巨脈蜻蜓」。

什麼？！

哈哈！小螢，你是因為自己想當巨
星，才把「巨脈」想成是「巨大麥
克風」的「巨麥」吧！真可愛～

哼，只不過是有一點
搞錯而已啊！

巨星級的
巨脈蜻蜓

青斑蝶

這是目前所知，日本唯一會「遷徙」的蝴蝶！

體色為藍綠色＝青色。

像是新選組的衣服。

來回揮動白色毛巾，就會湊過來……

呼呼 呼呼

為什麼……

啊嘿嘿嘿

大人的味道……

哦嚕～

日本澤蘭

飄忽的飛行方式，讓鳥類不容易吃到。

幼蟲

不要寧我！

好吃

好吃

居然吞得下去

明明就很苦

還有一點點毒！

還不能吃嗎？

總有一天吃掉你

成蟲以後，會從日本澤蘭等植物攝取有毒物質，作為費洛蒙或是與同類之間溝通的運用！

幼蟲會吃蘿藦科植物，攝取其中具有毒性的生物鹼。成蟲之後，毒性仍留在體內，以避免被其他動物獵食。

毒流溝通!!

真是「毒」善其身啊……

明明就是蝴蝶……

基本資料　稀有度 ★★★★

分類　鱗翅目蛺蝶科青斑蝶屬
根據分類方法的不同，有時候被歸類在斑蝶科。

分布地　亞洲地區
日本全境至朝鮮半島、中國、台灣、喜馬拉雅山脈等。生活在日本的是亞種。

大小　翅膀張開約為100毫米
前翅長約50～60毫米。比較大型的蝴蝶展翅（翅膀完全張開）時，約100毫米。

種類　全世界有300種（斑蝶亞科）

食性　植物
幼蟲主要吃牛娬菜、白前屬等，成蟲以日本澤蘭、日本狗尾草等植物為食。這些植物都具有生物鹼的毒性。

青斑蝶的漫長旅程

青斑蝶是非常稀有的蝴蝶，會配合季節變化，像鳥類一樣進行大遷徙（移動）！

秋天會往南方遷徙，到台灣和琉球群島避冬！相反的，春季到夏季，則會北上到高山或涼爽的地區。

長途遷徙最遠的距離將近有「2430公里」喔！

這麼小的蝴蝶，旅行2000公里以上……？

真是壯麗啊……

 南下 北上

中國

台灣

喔吔！

不過度拍動翅膀，可以節省體力，飛得更長遠。

啾～

乘著上升氣流到達1000公尺處的高空，那裡的氣流可以讓青斑蝶乘風滑翔，達到遠距離遷徙！

你們要做什麼！？

在翅膀的背面記下日期和地名。

為了要調查青斑蝶的遷徙，大約從1980年開始，日本各地進行在翅膀上做記號並野放的「標放調查」。

再一次捕獲的機率大約是1％！

也有相隔驚人距離「再相會」的例子喔！
透過許多人留下的移動紀錄，讓遷徙的路徑更為人所知。

為什麼要特意冒險進行這樣遠距離的遷徙？

至今仍是未解之謎啊！

遷徙的原因有總總說法，可能為了追尋可吸食的蜜源、可以吃的食用草，或是舒適涼爽的氣候等，但都尚未獲得明確的證實⋯⋯

為了擴大調查分析遷徙路徑，不僅日本，還有台灣、中國、韓國等許多人通力合作！

也有在10年間標放了13萬隻蝴蝶的強者⋯⋯

真是不得了！

希望跨越國界，透過熱愛青斑蝶的人們的熱情調查，在不久的將來，能解開不可思議的蝴蝶之謎⋯⋯

用這麼輕飄飄的翅膀跨海飛行 2000 公里，青斑蝶真是太厲害了！

 光是單程似乎就很辛苦了，等到天氣變暖和，還得再飛回去吧……

不，沒有擔心回程的必要喔！

 咦？為什麼？

因為青斑蝶的壽命很短，羽化之後最多只剩 4～5 個月的生命。

 ……啊……

的確，像是以家燕為首的候鳥，或是牛羚等會做「遷徙」的哺乳類，通常是「相同個體」依照季節變化而改變居住場所，並在「相同路徑」上往返移動。

但昆蟲的壽命遠比鳥類或哺乳類還要短，在抵達遷徙終點、產下新生代之後，就會結束一生。然後再由不同世代的個體進行下一輪的「遷徙」，如此「世代相傳」的進行下去。

 ……也就是說，青斑蝶……是帶著生命的單程車票，進行一場長途旅程呢！

 喔喔！真是超棒的句子，「生命的單程車票」！真不愧是讀書人啊，小螢！「生命的單程車票」啊……

 不要一直重複我說的話啦！（原本還在感歎中呢……）

小螢的夏日回憶

告訴我！吉丁蟲博士　世界上最大的昆蟲？

小螢，打起精神！我心情低落的時候，只要想著各種巨大昆蟲，就能幫助自己提振士氣喔！

那應該只對昆蟲迷有效吧……你說各種巨大……到底有多大呢？

好！為了幫大家打氣，我來介紹一下「世界上最大的」各種昆蟲給你們聽聽吧！

世界最大的蝴蝶

亞歷山大鳥翼鳳蝶

泰坦大天牛

世界最大的甲蟲

體長16.7公分！

雌蝶的翅膀長度，最大可達28公分以上！

巨沙螽

最「重」的昆蟲

世界最大的蟋蟀。

54

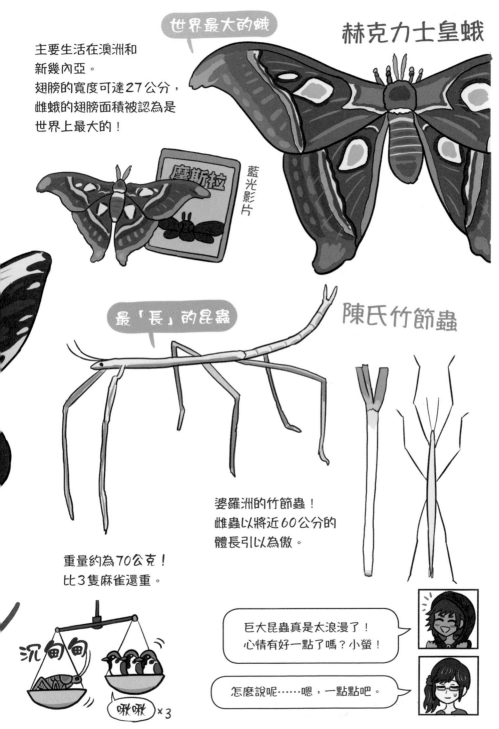

太陽閃蝶

我喜歡的昆蟲嗎？實在太多了，所以很難選擇。
不過，一定不能漏掉的是又名「太陽蝶」的「太陽閃蝶」！
閃蝶是棲息在中南美洲的大型蝴蝶，太陽閃蝶則是其中最大的一種！
翅膀展開時，尺寸可達 20 公分，真是非常驚人！
翅膀的紋彩簡直就像一張美麗的風景畫……
橘、白、黑的配色有著絕妙的混合比例，
是不是很像把拍攝下來的亞馬遜夕陽，直接放在翅膀上？
雖然我只在圖鑑或標本上看過牠，但是總有一天，
我要親眼見見本尊，將牠的光彩深深烙印在我的心裡！
直到那天為止，我要繼續朝向夕陽奔跑！

還真的跑去了……

56

第 **2** 章

驚異！

沙漠的求生者、空中的建築師、森林的清道夫

地球是昆蟲行星

這樣看來……與生活周遭有關的昆蟲資料，
似乎沒什麼問題。

嗶嗶……讓大家擔心了，我來模仿一段蟋蟀的鳴叫聲。
唧唧唧唧喀唧唧唧 —— 噗咻！！唧唧唧喀唧唧唧 —— 噗咻
咻！！！

好像有點還不太安穩的感覺啊……

哎呀，沒有啦～數據沒問題，真是太好了！
這件事算是解決了……

你給我等一下！裡頭可不是只有這麼一點資料而已！
我在世界各地飛來飛去蒐集的「世界昆蟲資料」是不是
沒問題，也應該確認才行，小光！

對……對呢！世界上還有很多很多奇妙的昆蟲嘛～
（眼神游移不定）

……你眼睛幹麼飄來飄去的啊！

小螢，要是可以的話……
要是你能繼續陪我的話，我會很開心。

……就算你不說，我也會陪你啦！漸漸
覺得昆蟲世界很奧妙，好像滿有趣的。

咦，真的嗎？太棒了！
可以聊昆蟲的事情，還可以交到朋友，真是太開心了！
你是我這輩子第一個蟲友喲！

蟲友……那什麼啊！

……喔～好，那麼，就繼續進行下去囉！
蟲蟲太郎的昆蟲圖鑑「世界篇」，啟動！

好！就從最酷的傢伙開始介紹吧！

智利長牙鍬形蟲

擁有不同於一般長度的大顎，棲息在智利的巨大鍬形蟲！

別名又稱「達爾文鹿角甲蟲」。

顎部比身體還要長的例子非常少見。

驚人的頭部很酷

雌蟲較小

這隻蟲真驚人……

你要做什麼？

1871年，達爾文在他的著作《人類的起源》中有介紹過。

利用位在大顎下方的兩根尖銳的突起刮開樹木表皮，吸取樹液。

叩刻 叩刻

鍬巴克

吭啊啊啊啊……

嘻哩 嘻哩

丂！

其實一點都丂痛！

大顎的力量其實沒有很大。

基本資料 | 稀有度 ★★★

分類 鞘翅目鍬形蟲科智利長牙鍬形蟲屬

分布地 智利、阿根廷
幼蟲生活在土中。

大小 成蟲（雄性）為 30～90 毫米
南美鍬形蟲之中最大的一種。雌蟲的體長為 25～37 毫米。雄蟲非比尋常的大顎占了體長的一半以上。

種類 7種（智利長牙鍬形蟲屬）

食性 樹液
為了吸食南青岡科樹的樹液，也會爬到幾公尺高的樹上。

樹上的格鬥之王

雄性的智利長牙鍬形蟲，會為了爭奪雌性而展開激烈的戰鬥！

當兩隻雄蟲彼此接近時，會先互相誇示自己的大顎。

雌蟲

嚇—啊

嚇—啊

然後猛然開戰，雙方以大顎激烈纏鬥，試圖把大顎伸進對手的下方，將對方的身體抬起，從樹上丟出去！簡直就像在比相撲一樣。

勝負未定！

喀嚓

嚇啊

智利鍬長技！！

必殺！

把對方的身體高舉到空中……

扔出去！

敗者頭下腳上的掉下去……！

哇啊啊啊啊

拜囉～

咕呢！

辛苦了！

砰咚！

雖然從很高的地方被丟下去，但由於外骨骼非常結實堅硬，所以不會有什麼大礙……

奧義！

智利鍬過肩摔！！

嗚哇！

祕技！

智利鍬體落！！

嗚哇！

優勝者只有一位！

智利鍬 淘汰賽

喂，你跑錯場了！

若是雌蟲停在高處，雄蟲會一直一直順著樹木往上爬……途中如果遇到其他雄蟲，就會立刻展開下一輪戰鬥！

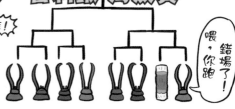

60

嘿咻！

啊啊

讓你久等了……

咚一咚……

……

♀

依序打倒擋在前方的對手後「攻頂」的雄蟲，總算和心儀的雌蟲相遇！

等一下～

我沒那種心情……

但即使辛苦的抵達，雌蟲也可能不想交配，而在樹上四處逃竄。

雄蟲一邊追趕，一邊企圖進入交配階段。這時，彎曲的大顎正好能成為攔截雌蟲的工具！

嘿咻……… 哈啊………

設計得真好啊！

真是拿你沒辦法……

大顎徹頭徹尾成為是否能成功和雌蟲交配的關鍵！

不過有時候……

!?

哇喔喔喔啊

等等等

必殺!!

鋒利鐮過肩摔！

預備備

喔哇啊啊啊

啊

砰咚！

不要胡鬧了！

雄蟲還沉浸在戰鬥的興奮感之中，不小心把雌蟲摔投出去的情況也可能發生～

真過分！

喔哇～智利長牙鍬形蟲，真是酷斃了！
感覺就像鍬斯卡金像獎的常勝軍一般……

這什麼獎啊，我還第一次聽到……
不過，那個……角？的確是很酷。

不是角啦，是「顎部」！
智利長牙鍬形蟲的巨大顎部形狀很特別！

「為了爭奪雌性，雄性彼此間的戰鬥，讓身體的部分
構造更為發達」……
智利長牙鍬形蟲的演化，被認為是達爾文提倡「性擇」
理論中，最活生生的例子。

原來如此……也就是因為這樣，智利長牙鍬形蟲
才有「達爾文甲蟲」的別名啊！

除了智利長牙鍬形蟲，還有其他生物也這樣嗎？

只有雄性具有亮麗羽毛的孔雀，或是只有
雄性才有醒目大角的鹿，也同樣被解釋為
是基於「性擇」理論的演化現象。

雖然生活在遠古時代的雄性大角鹿的
頭上，也長著極為巨大的角，但由於
很容易被捕食者發現，或是會消耗大
量營養等種種缺點，結果遭至滅絕……
演化不是一件容易的事。

巨大！

怎麼樣！

那麼……也有可能曾經出現過具有奇特形狀
顎部的鍬形蟲，但又悄悄的滅亡，只是我們
人類不知道而已……

感覺好寂寞啊……好想看看喲……

嗜眠搖蚊

生存在奈及利亞岩石山區的「搖蚊」一族！

卵

幼蟲期約 2～3 週，是一生中時間最長的階段。

幼蟲

曾在岩石凹陷處的水窪中生活。

變成蛹之後的 1～2 天，就會變態為成蟲。

蛹

由於沒有嘴巴，2～3 天之內就會死亡。

生命真短暫……

睡吧，少女！

成蟲（雄性）

嗜眠搖蚊……名字真好聽！

看起來就只是一隻蟲而已啊……

命名為「嗜眠」是因為牠們和「睡美人」一樣，有某種很厲害的能力……

真是羨慕啊……

不要靠近公主！

基 本 資 料　稀有度 ★★

分類　雙翅目搖蚊科

分布地　奈及利亞、馬拉威等
棲息在非洲半乾燥地區的岩盤地帶。岩盤凹陷處的水窪是牠們的生活場所。

大小　成蟲約為 7 毫米
成蟲期只有 2～3 天。交配後立刻會在水窪產卵，孕育下一個世代。

種類　全世界有 15000 種（搖蚊科）

食性　不吃任何東西
成蟲沒有嘴巴，所以無法進食。幼蟲以有機物和細菌等為食。搖蚊雖然是蚊類，但和其他種類的搖蚊一樣，不吸血。

完全乾燥！

生物無法「起死回生」！
單向不可逆是生命的原則。

但處於「生死交界」的特殊狀態，
在生物界卻是存在的！
這種狀態稱為「低溼隱生」。

所謂低溼隱生是指因乾燥而引
起的休眠（停止活動）狀態，
此時體內的水分幾乎是0％。

換句話說，就是極度接近「死」的狀態[a]。
不過和「死」唯一的不同，就是
這種狀態居然能夠「回生」！

沒錯，嗜眠搖蚊是唯一具有低溼隱生能力的昆蟲！

從長達17年的乾燥狀態下「復活」
的例子，也獲得了證實！

好～好厲害……但為什麼
需要這種能力呢？

在半乾燥地區的雨季和旱季非常分明，旱季
會持續好幾個月沒有半滴雨水……

在這種狀態下，水分會快速蒸發，
極度乾燥的灼熱狀態一直持續。

一般生物會因為乾燥而死亡，但嗜眠搖蚊因為
具有「低溼隱生」的能力，能夠靠「休眠」從
旱季中存活下來。

要達到低溼隱生的狀態，有兩個很重要的因素！

海藻糖

海藻糖是一種特殊的糖，可以「取代」水的角色！
讓細胞可以在沒有水的狀態下仍然很OK。

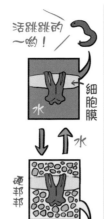

活跳跳的～喲！

水

細胞膜

水

硬邦邦

又乾又硬～

會像玻璃般堅實，填滿原本有水的空間，保護細胞不受乾燥侵害！

晚胚蛋白質

再也回不去了……

普通的蛋白質只要變硬凝固，就無法再回復原狀……

乾燥

哇喔喔喔

蛋 擠 蛋 擠

晚胚蛋白質乾燥後會變成像彈簧般的結構，蛋白質彼此湊在一起，防止凝固變硬。

當海藻糖和晚胚蛋白質結合在一起，會產生增強效用，彼此互相幫助！
讓嗜眠搖蚊的身體更容易回復到新鮮水嫩的狀態。

在低溼隱生狀態下，除了乾燥，對於各種環境壓迫的抵禦能力也變強了！
・處在+100度到-270度的溫度下仍然很OK。
・承受輻射的能耐是人類的1萬倍。
・無氧也沒關係。

砰！

嗜眠搖蚊停止思考。

這是生命的終極形態啊！

換句話說……在太空中，也不會死！

什麼！

即使長達2年半暴露在宇宙空間，乾燥的嗜眠搖蚊還是復甦了！

咚 咚 咚 咚

火星

歡迎光臨！

嗜眠搖蚊火箭

為了調查生物在行星間旅行會受到哪些影響，目前計劃將嗜眠搖蚊帶到火星的衛星上進行實驗！終極生物的跨越之旅，正要展開冒險……

昆蟲界的「睡美人」……真是太神奇了！

我開始感覺到，生與死之間的界線其實可能很模糊。

嗜眠搖蚊的能力，或許可以應用在醫療上，幫助乾燥保存「iPS 細胞（誘導型多功能幹細胞）」。

iPS 細胞
喔……

咦，特意讓它乾燥嗎？
假如要保存，不是可以使用冰箱嗎……

教教我吧！

「這只限於一般狀態」喔！萬一發生大地震，
沒辦法用電，那可怎麼辦？
冷藏或冷凍保存的細胞就會統統壞掉。

小魚乾

復活！

原來如此！就算不使用電力也能夠保存，
遇到特殊狀況就不必緊張了。
況且還能完整恢復到乾燥前的狀態……！

未來
會這樣
……！？

嗯嗯。不只在醫療或是前面提過的宇宙生物學，另外在寄送物品的過程中，也不再需要冷凍或冷藏。
低溼隱生的特性可以發展出各式各樣的應用。
「乾燥」雖然看起來很原始，但在21世紀的現代，
卻是隱藏著無限潛能的保存法。

會怎樣
呢？

但截至目前的實際運用，嗜眠搖蚊的幼蟲因為
能常溫乾燥並長期保存，所以被用來作為可口
的「魚飼料」。

原來如此。不過，才剛從漫長的睡眠中甦醒，卻立刻
變成魚的飼料，這樣的命運實在也太悲慘了……

欸，不論再怎麼厲害，蟲
還是蟲啊！被當成飼料也
是沒辦法的事啊。

真是冷酷啊……

沐霧甲蟲

「擬步行蟲」在世界上大約有16000種,這是其中極富有變化的一種。

非洲

納米比沙漠

棲息在納米比沙漠等地的沐霧甲蟲,具有獨特的習性!

廣大的納米比沙漠有如灼熱的地獄,白天氣溫高達50度!年降雨量僅有120毫米,當然也沒有集水區的存在……

給我……水

在這麼嚴酷的環境下,沐霧甲蟲為了要獲得水分,會採取「某種行為」!

那就是「把頭部朝下、把後腳用力伸直」,做出像倒立般的姿勢!這種行為,究竟有什麼意義呢?

祈雨……?

哪有這種蠢事……

基本資料　稀有度 ★★★

分類 鞘翅目擬步行蟲科

分布地 分布於全世界

主要棲息在西伯利亞、歐洲、北美、非洲等地。樣貌、色彩、生態等差異很大。日本的物種生活在枯木下,或是儲藏室、倉庫等地。其他地區則有生活在沙漠或不毛之地的物種。

大小 成蟲(沐霧甲蟲)約為15毫米

體型多樣,有半球型、圓筒型、葫蘆型、扁平橢圓型等。體長2～35毫米,各有不同。

種類 全世界約16000種,日本有300種以上,台灣約有500種(擬步行蟲科整體)

食性 枯木或菌類

大多數物種的幼蟲或成蟲,都是吃枯木或菌類。

集霧！在熱沙上奔跑吧！

在沙漠中倒立的沐霧甲蟲正如牠的名字一樣，會讓自己沐浴在霧氣之中！

大約每10天一次，來自大西洋的霧氣會出現在沙漠裡，是少數能獲得水分的機會。

沐霧甲蟲接受到的霧會凝聚成水滴，再順著身體往下流，很自然的進到嘴裡。

翅膀上有幾條凹槽，成為水的通道。

太陽一升起，霧氣消散，立刻鑽進沙中……

利用空氣中的水分，讓自己的身體成為「飲水機」，才得以在嚴酷的生存環境中存活下來！

保溼效果真好啊……

就算可以從霧裡得到一點點水分，但食物從哪裡來呢？

延續沐霧甲蟲生命的另一個自然現象……就是「風」。

白天有如灼熱地獄的沙漠，到了傍晚就會有海風吹過來。

冷風為沐霧甲蟲帶來珍貴的食物。海岸吹來的西風，會將各式各樣的東西帶到沙漠來……

這什麼啊？
只要能吃都好啦！

風帶來了小動物的屍體、海藻、種子等，沐霧甲蟲們就會從沙堆裡冒出來，趁那些東西再度被風吹走之前，拚命追趕。

咻——

等等啊！

另一種沐霧甲蟲則以其他的特殊能力生存在沙漠中……

扁沐霧甲蟲

乍看之下好像
是很普通的小
蟲子……

卻是步行昆蟲中速度最快的，
能以驚人的速度在沙漠中爆走！
速度為每秒90公分！

如此驚人的速度，真不愧有
「快跑沐霧金龜」的別名！

一般動物在進行劇烈運動之後，體溫會上升，
但這種甲蟲卻能透過風讓身體降溫，
在灼熱的沙漠中持續快跑。

快跟上來吧！

看我的！

這種瘋狂爆走的行為，也是為了
在廣闊的沙漠中和異性相遇！
發現對象時，雄蟲和雌蟲會
全力快跑，展開追逐。

什麼！
什麼！

有時會有其他雄
蟲介入，成為混
亂的三角競爭！

找到了～

嗚哇！

啾啪～

不過，就算擁有各式各樣求生本領
的沐霧甲蟲，一旦遇上天敵
納米比亞變色龍，也毫
無招架之力……在嚴酷
的沙漠中，牠們本身也
是珍貴的營養來源。

俺肚子爆
飽的……

嗝～

在沙漠中堅強度日的沐霧甲蟲，真是帥呆了！
不過它的科名「擬步行蟲科」在日文裡的意思
就有點不好說了……

 直譯的話是「欺騙垃圾蟲」，光是「垃圾蟲」就已經夠糟了，
還加上「欺騙」二字，更是雪上加霜……根本毫無尊嚴……

而且擬步行蟲和步行蟲一點也不像。

 真糟糕！

擬迴
木蟲　　　　　　　　　　黑艷扁
　　　　　　　　　　　　步行蟲

被命名為擬○○、偽○○，像這樣
有點失禮的昆蟲其實相當多。但確
實也有相當容易搞混的物種，所以
這是沒辦法的事……

 也有別名叫「偽瓢蟲」的瓢蟲呢！

聽說在擬步行蟲之中，還有一種名叫「瓢擬
步行蟲」，長相酷似瓢蟲的擬步行蟲。

 欸欸……那既不是瓢蟲，
也不是步行蟲吧？

除此之外，甚至還有叫做「偽瓢擬步行蟲」
的昆蟲呢！據說牠們是……因為和瓢擬
步行蟲長得很像才被這樣命名的。

 真的是什麼跟什麼啊！

昆蟲的命名真是隨便啊……

質數蟬

棲息於北美的蟬。以每「17年」的
週期大量現身而舉世聞名！

以其大量現身的特別週期，
而被稱為「質數蟬」，又叫
「週期蟬」！

1999 → 17年後 → **2016**

糟了！　　　糟了！　再次偉大！

黑色身體，
紅色眼睛。

欸……那個……質數，就是那個……

所謂「質數」就是「只能被
1和該數本身整除的數」。

2 3 5 7 11 13 17……等。

數百萬年前的北美是極寒的世界，
對蟬來說，是極為嚴酷的生存環境……

別睡著啊！

我看見那個

女生……

沒有蟬，沒半個人！

與其每年零零落落的鑽出地
面，不如相約在同一年「預
備起！」，同時變態成蟲，
雄性和雌性更容易相遇！一
般認為這就是演化成大家在
一定週期現身的原因。

一定能遇到好對象！

蟬的相親派對～

不過，為什麼週期會是「質數」呢？

基本資料　稀有度 ★★★★

分類　半翅目蟬科週期蟬屬的總稱

分布地　北美
美國「週期蟬」從東部、中西部分布到南
部，會反覆以17年或13年的週期大現身。

大小　成蟲為20～30毫米
和大約60毫米的日本油蟬和鳴鳴蟬相比，
體型偏小。眼睛是紅色的，和日本的蟬特
徵不同。

種類　17年蟬約3種、13年蟬約4種

食性　樹液
幼蟲會鑽進地下，依附在樹根上，吸食樹
根的水分維生。成蟲和幼蟲一樣，會把口
器刺進樹裡吸食汁液。

響徹雲霄！質數蟬的交響樂

質數蟬大現身的週期是「質數」，是單純的巧合嗎？
還是有什麼「非得是質數不可的理由」呢？

應該也有週期不是質數的蟬……
不過，這也可能成為「無法存活」下去的原因。

嗚呵！
10　14

假設有一群蟬是以10年、14年的「非質數」週期大現身。

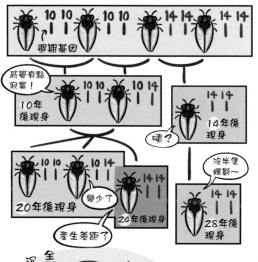

10 10　10 10　14 14　14 14
週期基因

感覺有點寂寞！
10 10　10 14
10年後現身

嘻？
14 14
14年後現身

10 10　10 14
20年後現身
變少了

14 14
24年後現身
產生差距了

沒半隻蟬影～
14 14
28年後現身

牠們只要分別是在不同年分誕生就沒有問題，但如果在同一年大現身，就會因為雜交而產生困擾。

不同週期的蟬若是雜交，會因為基因配對的關係，造成一小群發生週期「延遲」的狀況……

物種整體間相遇的機會減少，不只是原始的週期群組而已，新衍生出來的週期群組也會由於個體數變少而面臨滅絕！

全面的寂靜，沉浸在孤獨之中，蟬兒鳴叫聲……

有蟬在嗎？
咪～嗯
咪嗯
咪嗯……

「不同週期的蟬雜交」，會讓這些週期的個體數不斷減少，導致不良循環！

不同週期的兩種蟬會在哪一年「相會」？可以利用兩個週期數的「最小公倍數」算出來。

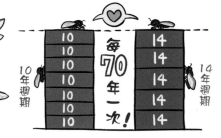

14
10

10年週期
10
10
10
10
10
10
10

每70年一次！

14年週期
14
14
14
14
14
14
14

例如，10和14的最小公倍數是70。因此，10年蟬和14年蟬在同一年大現身的機會，是每70年一次！不利於生存的雜交，則會以看似短暫的70年不停的循環著……

那麼，進入正題吧！在非質數週期的蟬逐漸減少的過程中，你認為17年週期的「質數蟬」為什麼能存活下來？

啊……我知道了！假如大量現身的週期是質數，「就很難遇上其他週期的蟬」吧！

假設在某個地區，有每15～18年週期大現身的蟬。
牠們同時現身「相會」的間隔，以彼此的最小公倍數來表示。

	15	16	17	18
15年		240	255	90
16年	240		272	144
17年	255	272		306
18年	90	144	306	

15年～18年相會的間隔（最小公倍數）

15年蟬、16年蟬、18年蟬則個別以短暫的間隔（紅色數字），與其他的週期蟬同時現身。

90年一次！

雜交竟然發生得如此頻繁呢！

不過，週期是「質數」的17年蟬與眾不同！
只有在長時間的間隔（藍格裡的數字）之後，才會與其他週期的蟬相遇。

「覺醒週期為質數」意味著，「不容易和其他週期的蟬同時相會大現身」＝「不容易因為雜交而導致週期變得亂七八糟」是很強大的優點！

17年蟬的幼蟲

15年
17年
18年
質數超人
質數大勝！

因此，在其他的週期蟬數量逐漸減少的狀態下，只有「質數蟬」存活下來……這是目前最有力的說法。

其他的質數蟬還有「13年蟬」喔！

蟬知識

好好記住喲！

最大的質數是
$2^{82589933} - 1$
（截至目前為止）

我努力背誦
質數蟬專題討論

有人說「質數是孤獨的數字，只有1和自己本身才能整除」……

不過，正由於是如此「孤獨的數字」的週期，才避免全軍覆沒，拯救了質數蟬，這讓我們深深體會到昆蟲界的深奧……

嗚嗚嗯，這一次真的有難度……
小螢是昆蟲的初學者，竟然都能理解，真是了不起。
我年輕時，如果能多學一點數學的話……

你才十幾歲吧……？

是啦……不過，我現在沒去學校了……
因為沒辦法適應，所以不去了……

………

小光，怎麼啦？和平時不太一樣，感覺有點陰鬱吧！你後悔沒去上學嗎？

不……只是有時候，想到跟我同年齡的孩子們正在學校念書……，就感覺自己一個人被遠遠的拋在後面……邊緣化、步調不一致、身邊沒有半個人。我稍微能夠體會蟬的寂寞心情呢！

……天道同學，每個人的學習方式都不太一樣。讀書學習這種事，只要按照自己的步調進行就可以了。

小螢……

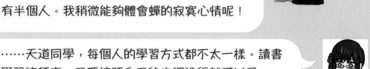

……何況質數蟬會存活下來，並且繁衍興盛，也是由於牠和其他的蟬不同，具有「自己獨特的步調」啊！所以，我覺得你只要按照自己的節奏去做，就是最好的。

……喔喔，我覺得又有精神了。
謝謝小螢老師～！

我可不是你的老師，天道……光同學。

叫我「小光」就可以喲，小螢老師！

很高興你們變成好朋友了！

空中的建築師

編織蟻

以東南亞為主要分布地的螞蟻！
會在樹上建造獨特的「建築物」。

澳洲的編織蟻
屁股是綠色的。

在柬埔寨的世界文化遺產吳哥
古蹟的森林中繁榮發展。

具攻擊性，會襲擊
蠍子和蜥蜴！

哇！

爭鬥時會釋
放出毒素！

巢的大小和形狀
有各式各樣。

有些形狀
像和服的
衣襟……

會在高高的樹枝上，
將葉片交織組合成球
狀的巢，有著不可思
議的奇妙生態。

基本資料　　稀有度 ★★★

分類 膜翅目蟻科編織蟻屬

分布地 亞洲、非洲、澳洲

大小 成蟲約10毫米
身體纖瘦、腳很長。雖然看起來弱不禁風，
卻非常凶猛，會以鋒利的大顎擊倒敵人。

種類 全世界有2種（編織蟻屬整體）
編織蟻屬只有亞洲編織蟻和非洲編織蟻兩
種。

食性 小型節肢動物、蜜露
成蟲以果蠅等小型節肢動物為食。由於具
攻擊性，有時候會成群攻擊比自己體型大
好幾倍的蠍子、蜥蜴、蝙蝠等。也非常喜
歡由半翅目昆蟲釋出的蜜露。

編織在空中的螞蟻城堡

編織蟻建築在高空中的「樹上城堡」……
究竟是怎麼做出來的？

嘿呀！

首先，為了收集築巢的素材，用大顎把葉子的一端拉扯到自己這邊來。

當葉片距離太遠時，其他隻螞蟻會踩在原本那隻螞蟻的身上，幫忙拉扯葉子。

哎喲！

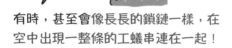

有時，甚至會像長長的鎖鏈一樣，在空中出現一整條的工蟻串連在一起！

後方的螞蟻用大顎抓住前面那隻螞蟻的腰部……

如此一來，最前端的那隻螞蟻就能搆到遠處的葉子。

喲嘿！

咖牛咖牛～
（加油加油～）

看不見……

喔喔～

壓倒性的團隊合作……

登愣～

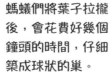

螞蟻們將葉子拉攏後，會花費好幾個鐘頭的時間，仔細築成球狀的巢。

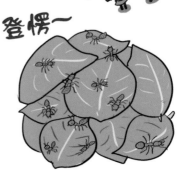

合力收集來的葉片，要怎麼黏在一起呢？

那正是「編織蟻」發揮本領之處喲！

編織蟻的幼蟲會釋放
具有黏性的絲……

這些絲扮演了重要
的角色。

喂～

什麼事？

工蟻會將幼蟲搬進巢中，
把牠們的頭部朝向下方，
幼蟲就會吐絲。

喔哇～

要好好感
謝我喲！

嗬嗬！

把絲黏在葉片邊緣，來來回回的
在葉片與葉片之間「編織」！

從牠們借助幼蟲築巢的型態來看，
就將牠們命名為「編織蟻」。

那裡要再
右邊一點

呀呀～

由於葉片的水分會蒸散，自然產生像冷
暖氣空調效果，因此「室內」的溫度和
溼度安定，並且很舒適。

乍看之下像脆弱的「葉片房屋」，
但實際上卻有如高樓大廈，能保護
螞蟻們免受風雨和外敵侵擾，是一
座堅固的「天空之城」！

無比喜悅——
向下俯瞰，感覺
從常綠的高處，

上流社會的
生活……

令人無法
理解的詩
意……

編織蟻築巢，真是另人印象深刻的團隊合作啊！

可以說牠們使用了絲這種「工具」，感覺跟人類的「建築」沒什麼差別呢！

牠們厲害的可不是只有「建築」而已喔！就像人類創建的「物流」機制一樣，編織蟻也在巢的周圍，建構了運輸資源用的「物流路線」。

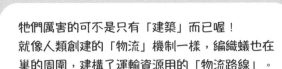

物流嗎？像「大和白蟻宅急便」那樣？

我不喜歡這種名稱的宅急便服務……

編織蟻會走在以費洛蒙做標記的路上，並沿途留下排泄物，讓建立出來的路徑愈來愈清晰。排泄物乾掉之後，會像柏油路一樣變硬，就算在豪雨或旱災之後，編織蟻也不會迷失方向。

牠們透過這些堅實的網路，將不同場所的食物和資源聚集到「天空之城」。

原來如此……真的很像人類所說的「物流」呢！

編織蟻的溝通技巧，遠比其他蟻類要高明許多。當許多像螞蟻般微小的個體聚集在一起之後，就會像大型生物般活動的集團稱為「超個體」。複雜程度，有時甚至超越了人類社會呢！

角 蟬

已知世界上有3000種以上的小型蟬。

角（正確應稱為前胸背板）發展成奇妙的形狀，有著各式各樣驚人的外觀！

角雖然很大，但內部是中空的，所以很輕。

不同物種，各自擁有形狀獨特的角。

傻～瓜

四瘤角蟬

大小約為1公分。

形狀代表的意義，至今仍然是個謎……

真小……

也有人認為，演化成這種形狀是在模擬會殺死昆蟲的真菌？

嗶嘻嗶嘻
嘎嘩嘎嘩
咪嗯嗯咪嗯♪
是唷？

嘩啦啦……

如果突然下起陣雨，牠們會在葉片基部排成一列躲雨。

求偶之舞

啪！
啪！
♂
♀
知道了。

求偶時會啪的展開翅膀，維持靜止狀態，然後闔上翅膀，再度展翅。

基 本 資 料　稀有度 ★★★★★

分類　半翅目角蟬科的總稱

分布地　北美、中南美、亞洲、非洲、澳洲等地球上廣大範圍內皆有分布，大約有半數的物種棲息在中南美的熱帶雨林中。雖然日本也有十幾種，但外觀較為樸實，沒有熱帶物種那樣的珍奇外貌。

大小　成蟲為2～25毫米
體型大小因物種而異，大部分不到10毫米。由於實在太小了，觀察時需要使用放大鏡。

種類　全世界約有3100種，台灣約有90種以上（角蟬科）

食性　植物的汁液
像針尖般吸管狀的口器會刺入莖中，吸食植物的汁液。雖然植物含有豐富的糖分，但生物生存所需的胺基酸含量卻很少。若是想從植物獲得足夠的胺基酸，就會攝取過多的糖分，因此多餘的糖分會成為蜜露被排出體外，成為其他昆蟲的食物。

角蟬百鬼夜行！

總而言之，角蟬的形狀外觀種類繁多，
有各式各樣！

魚鉤角蟬

好酷喔！

鹿角蟬

究竟是如何達到這種演化的？
真是超乎想像……

弦月角蟬

體長20毫米以上！

形狀像弦月！
也像捲曲的枯葉？

玫瑰刺
角蟬

黑豔蛞蝓角蟬

成群聚集的時候，
看起來像玫瑰的刺。

擬長蜂角蟬

角看起來像蜂的身體。

嘿～

剛羽化的褐翅高
冠角蟬

呼呼～

黴角蟬

蛇使角蟬

又醜又噁！

看起來像被菌類感
染而死的樣子！

天敵自然
會避開。

好厲害～

蛇

弄蛇人

嘻啦啦

哩～

黑竿角蟬

三刺角蟬

為了不引起
注意，會待在和
自己體色相同的
綠色葉子上。

以鮮豔的配
色強調自己
有毒？

膜冠角蟬

幼蟲以看似
有毒的體色
來保護自
己。

條背角蟬

真的都奇形怪狀，
非常壯觀！

〈媽媽～

和大部分的昆蟲不同，
親蟲會全心全意的守護
孩子，直到成長為止。

不過，大家都非
常的小呢……

好可愛！

角蟬的角真是太不可思議了，讓人看得眼花撩亂……
那些形狀究竟有什麼意義呢……？

「自然萬物都有其目的」……這雖然是哲學家
亞里斯多德的名言，不過對角蟬來說，是不是
也適用呢……？

雖然充滿了謎團，卻有人提出好幾種假說喔！
首先是具有「對捕食者警告」的意義。
如此醒目的角應該能清楚傳達出「吃進嘴裡就
會痛喔！」的機能。

我刺 我刺

的確，要是卡在喉嚨的話，會很痛苦吧……

接下來是擬態（camouflage）。
讓身體像植物的刺、樹葉，或是昆蟲的糞便等
各種各樣，以融入周遭環境之中。

此外，還有「對其他昆蟲的擬態」！
例如，熱帶地區有許多不同類型的螞蟻，因此
就有角蟬讓自己的角，看起來像「具有威脅性
的螞蟻」。
另外，還有形狀酷似蜂類的角，這應該就能達
到讓討厭這種昆蟲的捕食者閃得遠遠的效果。

我是螞蟻喲～
嗟？

原來如此……那些奇形怪狀的角，原來是
有益生存的。

……雖說如此，但目前都還只是我們的猜測。
「自然萬物都有其目的」這句話，確實能用來說
明翅膀、腳、眼睛等重要部位，但形狀意義不明
的身體部位還有很多很多。角蟬的角，應該就是
最神祕的代表之一吧！

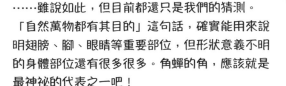

大白蟻

一群主要分布在亞洲和
非洲熱帶地區的白蟻！

非洲大白蟻（生活於肯亞）。

兵蟻的大頭是
牠的特徵。

會在巨大巢穴的
地底下培育菌類
（真菌）！

白蟻是由蟻后和工蟻為主要
階級的「真社會性」昆蟲。

在此，以日本常見的
大和白蟻為例，說明
白蟻的社會結構。

白蟻並不是螞蟻，
彼此的關係其實很遙遠。

我們都是好兒郎！

嗤！

白蟻竟然是一群從蟑螂演化而來的昆蟲……

卵

蟻后

生殖蟻

變態之後
負責生殖。

若齡幼蟲

會成為這
三種的其
中一種。

工蟻

兵蟻

體型很大，大
顎發達，能對
抗外敵。

有翅
生殖蟲

基本資料　　稀有度 ★★★

分類　蜚蠊目白蟻科大白蟻屬的總稱

分布地　亞洲、非洲的熱帶地區
大白蟻主要是生活在亞洲和非洲的熱帶地
區，有非洲大白蟻（肯亞）、炭色大白蟻
（泰國）。

大小　成蟲為 10～20 毫米
工蟻約4毫米、兵蟻約8毫米、蟻王約80毫
米，蟻后體長相差懸殊，大約100毫米。

種類　全世界約有2260種，日本約有
50種（白蟻科整體）
日本較知名的是大和白蟻和台灣家白蟻。
台灣較常見的有家白蟻和土白蟻。

食性　枯葉、菌類等
成蟲以枯葉和菌類為食。幼蟲則以成蟲在
巢中培育的菌類為食。

聳立在曠野的大教堂

環繞樹木的形狀

城堡的形狀

塔的形狀

8公尺

咚咚～咚

哇嗚～～

白蟻的住所最能顯現他們的高度社會性！

白蟻能打造巨大建築物，是生物界知名的「建築師」。

在非洲大草原上，大白蟻的巢有時會高達5公尺。

歡迎光臨
寒舍

由幾百萬隻體長約1公分的工蟻，花費漫長的時間建造出蟻塚。

嘿喲～　　嘿喲～

嘿呵呵！

蟻后和蟻王居住的「王宮」

蟻塚的外壁看起來很透氣，卻也非常堅固，不容易崩塌。
世界各地的白蟻都是以這樣的防衛牆，來抵禦捕食者們的威脅。

土豚
（非洲）

食蟻獸
（南美）

大家組隊來攻！
揭竿啦！

還是別來吧！

狐獴
（美洲等地）

針鼴
（澳洲）

地下通道

兵蟻

菌類　？

工蟻

84

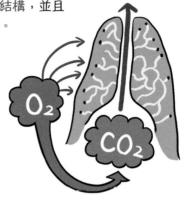

空氣的通道

蟻塚內部有複雜的隧道結構，並且有新鮮空氣一直在循環。

蟻塚的最外層有許多房間，表面有許多小孔，但大部分都是空著的。

白天時，白蟻們所吐出充滿二氧化碳（CO_2）的高溫空氣，會聚集在蟻巢中心。

到了夜晚，巢外充滿氧氣（O_2）的冷空氣會經由「空房間」流進巢的底部，然後將含有CO_2的空氣推出巢外。

白蟻巢的建築構造，簡直就像一個運作良好的巨大「土肺」。

糧食儲藏室

儲存工蟻蒐集來的枯葉等。

菌圃

培育菌類來餵養幼蟲！

好像農業喔……

冷卻引擎

菌圃產生的水蒸氣會讓溼度上升！
儲存在最下方的地下水就像冷卻引擎，有著散熱的機能。
巢內的溫度保持在30度左右。

如此先進的機制，甚至被應用在大型商業建築所設計的自然冷卻系統上。

在人類誕生以前，白蟻就已經製作出如同「空調設備」的驚人設施呢！

講到白蟻，就只會讓人想到把木造房屋蛀蝕掉的害蟲形象……
但原來也有擅長「建築」的白蟻啊！

哈吱 哈吱

 破壞與建築……可真是「廢舊建新」啊！

白蟻不一定會把房舍蛀蝕掉，大多數種類反而都像大白蟻那樣，生活在與人類沒有太大關係的環境中。

森林的清道夫

在這裡！

白蟻也被叫做「森林的清道夫」！
吃下落葉並加以消化、挖掘隧道幫忙更新土壤中的空氣……換句話說，就是負責了生態系整體的「大掃除」呢！

你是不是對這片葉子感到心動呢？

白蟻也是森林的救世主。
對有白蟻的區域和沒有白蟻的區域進行比較，結果很清楚的看出差異。

GREEN!!

區域中若有許多吃落葉的白蟻，即使整年發生嚴重的旱災，土壤也不會乾燥，草木還會發芽。如今還證實，有白蟻巢存在的地方，可減緩沙漠化的現象。

我沒辦法……

 哼嗯，「森林的清道夫」嗎？
要是在吉丁蟲博士亂七八糟的房間裡放一些白蟻，房間會不會被整理得比較乾淨呢？

什麼？一點也不亂啊！那是為了追求科學靈感，而重現自然界的混沌！

 在人類世界，那叫做「亂七八糟」……

86

柄眼蠅

這一群蠅類有著左右突出的特異眼睛！

柄眼蠅的日文漢字寫作「撞木蠅」，「撞木」也就是用來敲鐘的丁字形棒子。

叩～～下去！

雙髻鯊的日文漢字寫作「撞木鮫」，也運用了相同的取名方式。

左右兩側長長的枝狀器官稱為眼柄！

我的沒那麼長……

前端有複眼。

有些個體的眼柄甚至比體長還要長……！

這對眼睛非常方便，可以大範圍的觀看四周環境，還可以測量與獵物之間的距離。

好長～啊！

雖然棲息地主要在非洲，但沖繩的八重山群島也有同類，名為南洋柄眼蠅。

眼光一樣好！

基 本 資 料　稀有度 ★★★

分類　雙翅目柄眼蠅科的總稱

分布地　亞洲、非洲、歐洲等
主要分布於亞熱帶地區。非洲棲息的物種較多，約有100種。

種類　全世界約有160種，台灣有2種
（柄眼蠅科整體）

大小　成蟲為5～10毫米
某些物種有雙眼間隔超過體長的特徵。雄性的眼柄比雌性長，所以很容易分辨。然而，唯一分布在日本的南洋柄眼蠅，體長約6毫米，非常的小，所以雄性和雌性的眼柄差異幾乎看不出來，難以分辨。

食性　植物（樹的部分尚未知）

大開眼界！

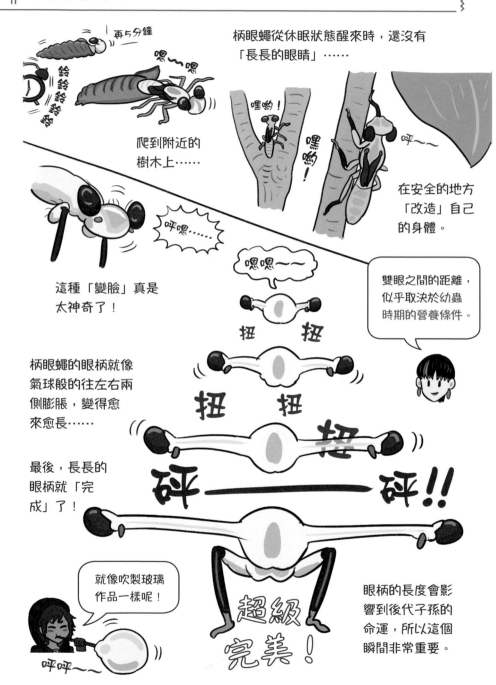

在柄眼蠅的世界，兩眼的距離愈寬，代表能力愈強。

當有其他雄性入侵領域，爭奪雌性的戰鬥就會展開！

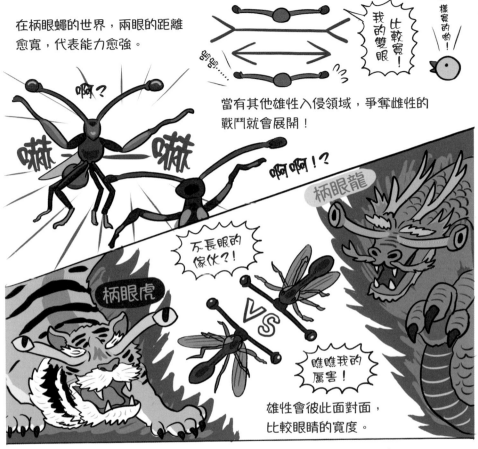

雄性會彼此面對面，比較眼睛的寬度。

眼柄短的雄性會自己認輸，飛離現場……

在實際戰鬥、彼此傷害之前，就能決定「勝負」，從某個層面來看，是一場平和之爭。

不過，當雙方的眼睛寬度差不多時，就會互相推擠，甚至轉變成肉搏戰！

雖然奇妙的柄眼蠅有一雙「相離的眼」，但我們的目光卻捨不得離開牠們奇妙的生活樣態。

柄眼蠅嗎……要是長相這麼有趣的蠅在周圍飛來飛去，應該很有趣！

「以誰的眼睛距離比較寬來決勝負」真的很獨特……不是嗎？賭上自尊的彼此互瞪……

這對當事人（蠅）來說，可是很嚴重的問題呢！眼睛分得比較開的一方成為「贏家」，能夠跟雌性交配，留下更多的子孫。兩眼距離比較寬的雄性得以生存下去……像這樣，由爭奪異性而引發的演化，就稱為「性擇（性淘汰）」。

不過……就算是為了競爭，如果兩隻眼睛分得太開，還是會對生活造成不便吧？

實際上，好像是這樣沒錯呢！兩眼距離很寬的雄性雖然在互瞪時能夠占上風，但如果眼柄太大，好像就會不利飛行。

什麼！那不是很糟嗎？

像這樣的雄性，翅膀面積也會比較大，以彌補飛行能力的不足……不過話說回來，不論是眼睛或翅膀，過大都會造成不便。

獲得受歡迎的演化，卻要忍受這些局限啊！

不過，想表現出「雖然有如此不方便的身體部位，卻仍然可以活得好好的」，這種表現似乎體現了所謂的「不利條件原理（The Handicap Principle）」。最常被拿來舉例說明的，就是孔雀的尾羽。

拚命的「炫耀」……在某種意義上，也是很了不起呢！

沃爾巴克氏菌

有一種細菌具有「消滅雄性」的可怕能力，正在昆蟲界肆虐……牠的名字叫沃爾巴克氏菌！

1924年，沃爾巴克博士從受感染的尖音家蚊體內發現。

（示意圖）

沃爾巴克氏菌會感染昆蟲宿主的卵。

Q. 是否感染了沃爾巴克氏菌？

不知道 10%
NO 50%
YES 40%
呀啊～

一般認為，昆蟲的感染率約為40%！可能就超過2000萬種以上。

沃爾巴克氏菌最主要的驚奇能力是……「殺死雄性」！

感染 → ✕ ♂ 當某個個體感染了沃爾巴克氏菌，
→ ♀ 其後代的雄性都會死亡！

結果，這個團體只會剩下雌性！

什麼？可是雄性消失的話，不就沒辦法繁殖了嗎？

被沃爾巴克氏菌感染的雌性，不需要雄性就能夠繁殖！

受感染的雌性靠自己就能產下後代，縱然雄性從團體中消失，也不會有任何影響……

琉球紫蛺蝶受沃爾巴克氏菌感染，大約已經超過400個世代，雌性在團體中的占比維持在99％！

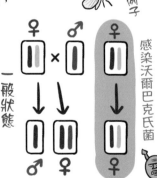

赤眼蜂的例子

一般狀態

感染沃爾巴克氏菌

蝶姊妹樂園

雄蝶

真是沒面子……

「消滅雄性的細菌」……真是太恐怖了，但究竟為什麼要做這種事呢？

由於沃爾巴克氏菌無法潛入小的精子之中，所以只能透過卵子傳給下個世代。
為了擴大繁殖，只需要雌性的宿主，雄性可能反而很礙事。

毫不留情的「殺死雄性」，
也為雌性帶來好處！

【瓢蟲的例子】
感染沃爾巴克氏菌的母親生下的
雄性幼蟲，會在孵化前就死亡。

但另一方面，在雌性幼蟲的面
前，「死掉的卵」成了事先準
備好的美食盛宴！

從孵化到第一次接觸蚜蟲這種
食物的這段時間，是瓢蟲一生
中最為驚險的時期……

在此之前，有事先準備好的食
物可以輕鬆食用，對生存來說
是非常有利的狀態。

哎呀～

死亡的兄弟卵就成為
巨大的彩蛋吧！

對需要雌性宿主的沃爾巴克氏菌來說，
殺死雄性、提升雌性的生存率，有絕對的好處呢！

沃爾巴克氏菌除了「殺死雄性」，還有一項更驚人的能力！
那就是讓雄性和雌性「性別轉換」！

最後變成雌性?!

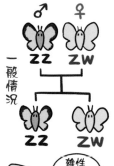

一般情況

以雄性為ZZ染色體、雌性為ZW
染色體的蝴蝶為例。

當ZZ雄性和ZW雌性交配，一般
情況下，生下ZZ雄性和ZW雌性
孩子的比例為1：1。

但是當雌性感染了沃爾巴克氏菌，
就會生下「染色體為ZZ
雄性，身體卻是雌性」
的怪孩子！

雄性染色體

雌性身體

● 感染沃爾巴克
氏菌的個體

雖然從遺傳基因來看是雄性，
但卵巢卻很發達，外觀也是雌性。
這樣的「雌性」（性別轉換的雄性）
可以和一般的雄性正常交配。
基因為雄性、身體和外觀是雌性的孩子
慢慢不斷的增加……

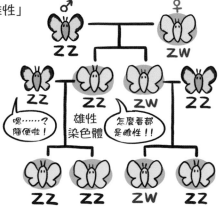

嗯……？隨便啦！

雄性染色體

怎麼看都是雌性！！

從沃爾巴克氏菌「讓雌性增加」的目標來思考，比起抹殺雄性
的「殺死雄性」，還不如把雄性變成雌性的「性別轉換」，
這樣效率更好上2倍！

沃爾巴克氏菌的強烈意志真是太
可怕了！就像是要「將所有的雄
性消滅殆盡，創造出只有雌性的
世界」。

牠們是「動物界最成功的寄生生
物」之一，至今仍以如此徹底的
生存策略席捲著生物界！

蝶馬假期

啪噠

這樣非常好！

哇啊～～沃爾巴克氏菌，真是太猛了！
萬一人類社會也全部都變成女性的話，不知道
會怎麼樣？小螢……

 我覺得……也許會更輕鬆舒暢呢。

我也完全不會感到困擾呢！
反而會很開心，哇哈哈！

 不該哇哈哈吧……

哎呀，不管沃爾巴克氏菌再怎麼強大，目前確認
只有昆蟲等節肢動物會受到感染，所以可以暫時
安心啦！

 嗯嗯……不過，還是會擔心昆蟲們啊……
也會有無法順利留下子孫而滅絕的物種吧？

你覺得呢？我倒是還沒聽過有宿主
因為沃爾巴克氏菌而滅絕的。

 嗯，據說某個蝴蝶集團由於沃爾巴克氏菌「殺死雄
性」，導致雄性遽減，集團的性別比例壓倒性的偏
向雌性……但在此同時，「抵抗雄性被殺死的基因」
也在發展，讓殺死雄性的狀況不再發生，性別比例
恢復到 1：1。

細菌和宿主的演化鬥爭，發展到白熱化的
階段，沃爾巴克氏菌可能會再度演化，這
是個熱門領域……需要持續關注！

 怎麼感覺你們是站在沃爾巴克氏菌那邊啊？

我是解子

大透翅
天蛾

我喜歡的昆蟲嗎……？應該是蛾吧！雖然有很多人認為蛾比蝴蝶恐怖，
可是我覺得牠們毛茸茸的好可愛呢！特別是生活周遭就能找到的蛾，
「大透翅天蛾」是我最喜歡的。
漂亮的綠色身體和純白色的腹部，是最吸引人的呢！
正如「大透翅」這個名字，
牠以高速拍打大型的透明翅膀在空中飛舞。
經常可以看到牠一邊盤旋飛行，一邊吸食花蜜。
上！下！左！右！定翼的飛行方式，簡直像小型無人機一樣的可愛。
這讓我不論是以蛾迷或是仿生機器人專家的身分來看，都無力抵抗啊！
我也在蟲蟲太郎身上裝置了大透翅天蛾飛行模式呢！

嗡 嗡 嗡
嗡 嗡 嗡

什麼……我第一次知道這
件事……喔喔！真的吧！
動作真是好輕快啊！

蟲蟲太郎的隱藏功能
還有多少種呢？

第 **3** 章
〰〰〰〰〰〰

雄偉！

有人類生活的地方就會有昆蟲……
人類與昆蟲的故事

無論如何……蟲蟲太郎看起來沒事，真是太好了。
特別是蟲蟲解說模式的部分，我可是格外用心開發喔～

能和蟲友們一起探索昆蟲世界，特別開心！
一直以來，我都只有博士一個蟲蟲同好而已……

真是很抱歉呢，只有我……

……我也是，平時自己一個人不停的看書，所以……
很開心。很熱鬧，偶爾這樣也不錯。

喔，小螢，原來你是個書蟲啊？那你可以
幫蟲蟲太郎「升級」嗎？

咦？就算說要升級……但我完全是個文科人吔？！

不不，就是這樣才好。
昆蟲之中，有不少物種與人類有著很深的淵源，不是嗎？
人類的文化是如何和昆蟲產生交集的？
我希望能多多從這類文科的觀點來看～

喔喔……小螢的閱讀量應該可以幫得上忙喲！

……我知道了。雖然不知道能不能幫上忙，但如果有
想到什麼，我會試著輸入給蟲蟲太郎。

不要隨便被差遣喔，小螢。
解子這傢伙，可是個為了改良機器人，
會不擇手段的瘋狂工程師呢！

我才不想被除了昆蟲之外，什麼都不知道的笨小玉這麼說呢！
欸，是說，我就喜歡這樣的你。

喂……這種話，不要突然說出來……

啊～請問……可以接下去開始了嗎？

蠶蛾

為了生產絲綢,而被人類飼養的一種蛾!

英文為silkmoth(絲蛾)。

一般稱作「蠶」,培育蠶則稱為「養蠶」。

像梳子形狀的大觸角。

祖先是稱作「野蠶蛾」的野生蛾。

快尊敬一下!

雖然有翅膀,卻沒有飛行能力,無法回歸野外生活⋯⋯

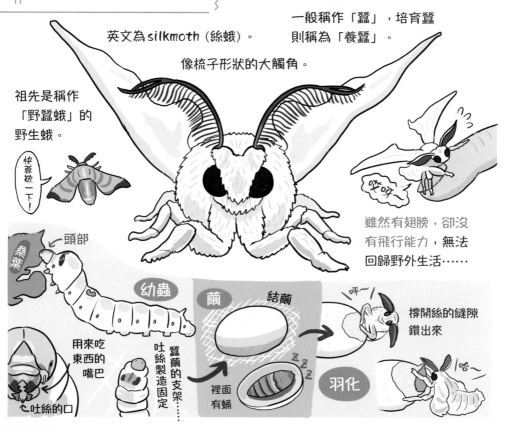

頭部

用來吃東西的嘴巴

吐絲的口

幼蟲

繭 結繭

蠶繭的支架⋯⋯吐絲製造固定

裡面有蛹

撐開絲的縫隙鑽出來

羽化

基 本 資 料 ▶ 稀有度 ★★

分類 鱗翅目蠶蛾科蠶屬

分布地 無法生活在野外
經人工長年培育,已完全家畜化。台灣和日本的養蠶業曾經是一大產業。

大小 約30毫米～80毫米
幼蟲期30～40天,會經過4次脫皮,最後結繭。從孵化開始,幼蟲的成長階段分為5個「齡」期,蟲體急速成長約30倍。

種類 全世界有8種(蠶屬)
由於起源和特徵等等的差異,分成4個主要品種:日本種、中國種、歐洲種、熱帶種。

食性 桑葉
這麼奇特的成長效率,食慾肯定很旺盛。據說在1～5齡期間,大約會吃下一生食量的9成。

蠶蛾離家日

蠶蛾和人類之間有長達5000年的歷史。

關於養蠶的起源，我讀過中國的一個古老傳說。

這什麼……

哇呀呀……

「大約在西元前2640年，黃帝的妃子嫘祖在桑樹下喝茶，有顆蠶繭掉進茶碗裡。把繭撈起來時，發現了美麗的絲線。」相傳這就是養蠶的起源。

蠶吐絲結繭，繭再加工做成美麗的「絹絲」，從古中國輸出到世界各地……
絹絲開始以「纖維女王」之姿，建立起絕對的地位。

橫跨歐亞大陸的絲織品貿易路線被稱為「Silk Road（絲綢之路）」，簡稱「絲路」。

好長啊！

羅馬

伊斯坦堡

咔滋咔滋

德黑蘭

西安

日本

啊嗯啊嗯

SILK ROAD

在絲路之上，各國的人們來來去去，進行多樣的文化交流……
而這一切的起源，正是一種名叫蠶蛾的昆蟲！

查士丁尼一世

數千年來，中國人一直守著「絲的祕密」。但是到了西元6世紀，兩位波斯僧侶接受拜占庭帝國皇帝的命令，偷取蠶蛾的卵，藏在內部挖空的手杖裡，再運往首都君士坦丁堡。

我知道絲的祕密！

你們上哪去？

好擠喔！

由於「絲的祕密」被揭露，「絲的壟斷體制」也就崩解了……

這些卵成為歐洲養蠶的基礎，以義大利和法國為中心，開始蓬勃發展。

相傳，日本大約於西元1～3世紀開始養蠶。

日本很適合蠶蛾的主食桑樹生長，因此養蠶業傳入的時間也比較早……

在《遠野物語》中，有跟蠶蛾相關的敬拜「御白神」傳統。

追溯源頭似乎是中國《馬頭娘》的傳說……

有個農夫的女兒非常愛自己養的馬，於是跟馬結為夫妻……

再見了……

超展開……

農夫知道後非常生氣，便將馬給殺了！女兒跟著馬一起升天……

後來，女兒出現在雙親的夢中，要他們用桑葉養蠶，並教他們製作絹絲。

桑木製成的雕像

好香啊～

從此之後，蠶神（養蠶的守護神）就被稱為「御白神」，並受到人們祭祀敬拜……

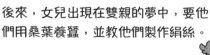

這些不可思議的傳說，足以證明蠶蛾長久深植於人類文化之中。

「御白神傳說」啊～我從來沒聽過。
果然拜託小螢是對的！

這是我之前在書上讀過的，真是不可思議又另人難忘的
故事……如果對蟲蟲太郎的升級有幫助，那就太好了。

人類受到蠶不少的照顧……
最讓人驚訝的是，即使遠在外太空，也可能
得到「照顧」。被做成「太空食品」呢！

什麼？在太空？拿來吃嗎？

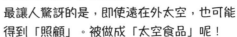

例如，要航向遙遠的火星，需要幫太空人準備
食物。因此，必須在太空船中製作賴以維生的
小型「生態系」。

不過，豬或牛的體型太大，沒辦法裝載到
太空船裡；雞也很占空間，而且準備飼料
不容易；魚則有水質管理的困難。

從各方面來看，蠶都是很優秀的食材！
不需要大空間，也不太需要食物和水，很節省能源。
特別是蠶蛹充滿了營養，據說含有的必需胺基酸是
豬肉的2倍！

聽起來確實是具有魅力的食材……不過，
真的……好吃嗎？

我以前吃過喲！
味道有點像堅果或是蠶豆。

欸～我也好想吃吃看喔！
小螢，我們下次一起試試看？

我還是吃堅果或蠶豆就好……

沙漠飛蝗

棲息在非洲至中東一帶廣闊沙漠裡的蝗蟲！

大家最熟知的，就是牠們會在乾燥地區降雨過後大量現身。

數量和密度極為可觀！

1平方公里的範圍裡，大約有4000萬隻～8000萬隻密集分布……

一旦大爆發就會鋪天蓋地。就連像東京都那麼大的廣闊土地，也會被蝗蟲完全覆蓋……

HELLO! 點擊

YO!!

一個人最棒！

給努力過的你

單人卡拉OK

平時是綠色或褐色，喜歡單獨行動……？

嗡嗡嗡嗡嗡

嗚哇！

哇……東京淪陷了嗎？

怎麼辦？

埼玉縣

東京都

千葉縣

神奈川縣

基本資料　稀有度 ★★★★

分類 直翅目蝗科沙漠蝗屬	**種類** 全世界約20種（沙漠蝗屬整體）
分布地 非洲、中東、亞洲等	**食性** 植物
棲息在世界60個國家，大約是地球陸地面積1/5的領域。	每天會吃下和自己體重等量的食物，包含植物的葉、花、皮、莖、果實、種子等部位。
大小 成蟲約40～60毫米	
雄性為40～50毫米，雌性為50～60毫米。引發蝗災的是大型蝗蟲。	

災情蔓延！

人類和蝗蟲的關係非常深遠……
蝗蟲大量現身所造成的災情，稱為「蝗災」。自古
以來，世界各地都有蝗災的紀錄。

舊約聖經〈出埃及記〉將
蝗災列為「十災」之一，
並記錄了無數的沙漠飛蝗
攻擊埃及的情況。

中國將蝗災與水災、旱災並列為令人恐懼的
三大災害，屬於超級警戒的狀況！

日本也曾遭受大批飛蝗的侵害。

平均一群沙漠飛蝗每天消耗的食物，差不
多等於2500個人的食量。如果是一大群，
每天則可以吃掉1億9200萬公斤的草。

沙漠飛蝗大爆發時，原本綠意盎然的
土地，會在幾分鐘之內被吃得精光。
過境之後，什麼也不留……

蝗蟲的英文是 Locust，字源意思似乎是「燃燒的原野」……

沙漠飛蝗會發生驚人
的「變身」！

會根據不同環境，
變成不同的外觀。

散居型

外型為綠色或褐色，
喜歡獨自行動。

變　身！

聚集型

黃色和黑色的鮮豔外表！
集結成活躍的遷移集團。

快逃！

變身的關鍵是族群的「密度」。當沙漠飛蝗聚集
在某個繁殖場所，族群密度會變高，型態和行為
就會產生變化！（這種變化稱為「多態性」）

在周圍有許多同類的高密度環境中，個體
會轉變為「聚集型」，聚集成一大群。

個性也變得具攻擊性，開始追趕其他
個體……（有時也會彼此互食）

呀呀！

沙漠飛蝗只要一感覺到身體被其他蝗蟲碰觸，
就會不斷的向前逃跑，以避免被吃掉。

在反覆不停向前移動的過程中，形成了
集團整體前進的洪流。

快逃！

來去京都
住一晚

喝完趕快
上路吧！

洗菜！

蝗旅
京都

聚集型的遷移，既是為了逃離大爆發
而惡化的棲息場所，也有讓蝗蟲們擴
大分散的效果。

當來到某個地方陷入僵局，再也無法前
進時，會大膽改變方向拓展新天地，展
開「移居戰略」……
和人類的行為有共通之處。

沙漠飛蝗是大自然的災禍啊！
被當成是「天譴」而流傳下來，也是可以理解的……

光是在西非，每年農作物的損害就超過新台幣 120 億元！
西元 2003～2005 年蝗災肆虐，防治費用就耗盡了新台
幣 170 億元。即使是現在，損害仍持續擴大中……

正宗哥吉拉啊……

大到幾乎能夠覆蓋整個東京的蝗蟲群，
到底該採取什麼樣的對策才好呢？
不論有多少殺蟲劑都不夠吧……

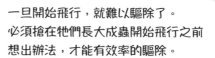

一旦開始飛行，就難以驅除了。
必須搶在牠們長大成蟲開始飛行之前
想出辦法，才能有效率的驅除。

非洲的範圍如此廣大，感覺不太可能吧……

重要的關鍵在於，解開沙漠飛蝗的「多態性」機制。
只要能夠阻止飛蝗成為「聚集型」，就能夠防患大爆發
於未然。

蝗蟲的變異研究已經持續了 100 年以上。在昆蟲學中，
似乎是一個特別具有歷史意義的學術領域。
各位昆蟲學家們，往後就仰賴你們囉！

呵呵，昆蟲雖然為人類帶來不少恩惠，但有時也會對
人類社會造成重大的威脅。
所以一定要記住，「了解」牠們的生態和行為，才能
想出最佳對策。

也就是說要避免「天譴」，只能靠人類的智慧了。

巴西小嚙蟲

居住在巴西洞窟裡的
嚙蟲目新品種！

巴西小嚙蟲居然是雄性和雌性的「生殖器」相互交換的昆蟲！

當牠們摩擦腳上的發音器，會發出很像「日本茶道在點茶*」時的聲音，所以日本又稱此蟲為「茶立蟲」。

*以竹製茶筅將茶粉與茶湯充分攪打出泡沫。

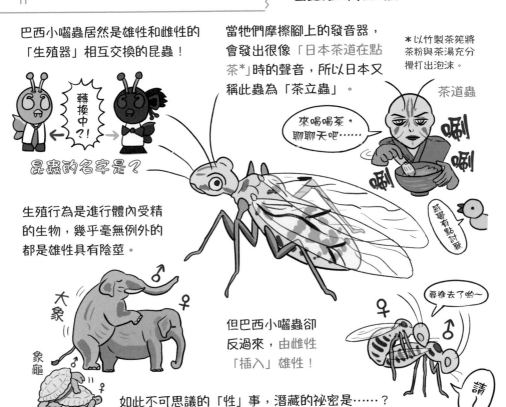

轉換中？！

昆蟲的名字是？

茶道蟲

來喝喝茶，聊聊天吧……

唰唰唰

感覺有點討厭

生殖行為是進行體內受精的生物，幾乎毫無例外的都是雄性具有陰莖。

大象

象龜

但巴西小嚙蟲卻反過來，由雌性「插入」雄性！

要進去了喲～

請

如此不可思議的「性」事，潛藏的祕密是……？

基本資料　稀有度 ★★★★★

分類　嚙蟲目小嚙蟲亞目巴西小嚙蟲屬

分布地　巴西的洞窟
棲息在乾燥地區的洞窟中。1998 年由洞穴生態學家羅德利哥・費雷拉博士發現。

大小　成蟲約 3 毫米
和水蚤差不多大小。

種類　4 種（巴西小嚙蟲屬整體）
雌性將生殖器放入雄性體內的物種有好幾種，例如海馬。可是雌性具有類似陰莖器官的，卻只有巴西小嚙蟲。

食性　蝙蝠糞石
所謂「蝙蝠糞石」或「鳥糞石」，是海鳥殘體、蝙蝠糞便、魚骸、卵殼等長時間堆積在珊瑚礁島上，經過幾千年到幾萬年所形成的化石。

「巴西小嚙蟲」！♂♀反轉的奇妙昆蟲？

巴西小嚙蟲和一般生物不同，交配時，
是由「雌性對雄性」插入雌器（雌性陰莖）去接收精子！

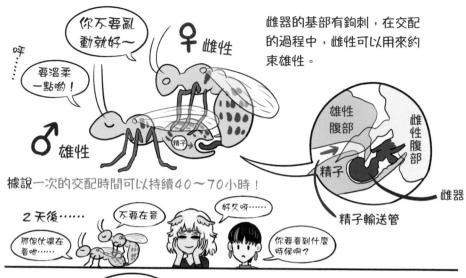

雌器的基部有鉤刺，在交配的過程中，雌性可以用來約束雄性。

據說一次的交配時間可以持續40～70小時！

2 天後……

※示意圖

為什麼雌性和雄性在交配時的性機能會發生顛倒的狀態？

原理似乎跟交配時的「營養」交流有關。

雌性從雄性接收精子時，會連同含有營養的精包也一起接收，並將裡面的養分留待產卵時使用。

製造營養精包對雄性來說是很大的負擔，所以雄性巴西小嚙蟲的交配意願顯得比雌性消極。

另一方面，負擔較輕的雌性顯得積極許多！

和一般生物的傾向相反呢！

透過選擇喜歡的對象來進行交配，並經過許多
世代的演化過程，稱為「性擇」。

　　像獨角仙的角或是鍬形蟲的顎部等許多例子，都是為
了爭奪雌性而導致「雄性特質」變得愈來愈明顯……

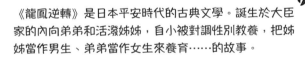

我最大！

　　另一方面，雌性巴西小嚙蟲為了
在洞穴中搶奪雄性的「營養精包」，
彼此之間的競爭變得更加激烈！

巴西小嚙蟲

♂

哪個才
好呢？

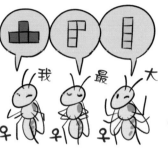

我　　最　　大

♀　　♀　　♀

　　一般認為，這結果讓「性擇」
在雌性身上產生作用，雌性的
性器因而產生獨立的演化。

大小不是
一樣嗎？

　　巴西小嚙蟲生殖器「逆轉」現象是一個重大發現，
顛覆了人們對於生物「性別」的刻板印象！

附帶說明，巴西小嚙蟲的學名為「*Neotrogla brasiliensis*」，
據說日本人在取名時參考了《龍鳳逆轉》這部著作。

　　《龍鳳逆轉》是日本平安時代的古典文學。誕生於大臣
家的內向弟弟和活潑姊姊，自小被對調性別教養，把姊
姊當作男生、弟弟當作女生來養育……的故事。

弟弟

♂
♀
對調！

姊姊

長久以來，引發
人類關注的「性
別」差異……

你真美啊……
但僅次於我

哼……

帥哥與
野獸♀

　　隨著對巴西小嚙蟲的研究，或許就能逐漸
找到「生物究竟為什麼會產生性別差異」
這個根本問題的答案！

男女性別對調的故事啊……
這麼說起來，好像有部很賣座的電影叫《你的名字》！

從平安時代到一千年後的現在，以「性別改變」
為主題的故事仍然有「票房保證」呢！

這也顯示不論是現在還是從前，人類對於「性別」一直
抱持著濃厚的興趣，也可以說是「拘泥於性別」。

發現這種讓人翻轉「性別」刻板觀念的昆蟲，
真是讓人感到興奮！

發現巴西小囓蟲的日本研究團隊，還獲頒了
2017 年的「搞笑諾貝爾獎」呢！

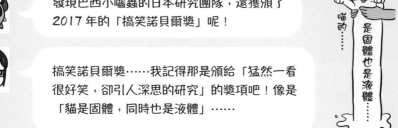

搞笑諾貝爾獎……我記得那是頒給「猛然一看
很好笑，卻引人深思的研究」的獎項吧！像是
「貓是固體，同時也是液體」……

喵的……
是固體也是液體……

發現巴西小囓蟲的研究者在頒獎典禮上說：
「讓那些把陰莖定義為『男性器官』的辭典
全都變成過去式吧！」。

喔，名言啊！

就如巴西小囓蟲生殖器官的事實發現，我們原本
認為是理所當然的「雄性／雌性的差異」，再也
不能成為絕對的斷言，必須視情況而定。
雖然有點可笑，但真的是很重要的研究成果喔！

或許今後還會出現更多顛覆「性別」
常識的昆蟲呢！

推糞金龜

在被稱為糞金龜的甲蟲當中，是最有名的物種之一！

《法布爾昆蟲記》就是從糞金龜的章節開始的。

推糞金龜以動物的糞便作為養分。

喔吧～

用像鏟子般的頭部突起切下糞便，做成球狀再搬運！

咕隆 咕隆

吔～吔～

尚·亨利·法布爾

了啊……真是太棒……

神聖糞金龜

貝者沒分！

以後腳壓著糞球一邊滾動，等搬移到安全的地方之後，就把糞球推進挖好的洞裡，再慢慢享用。

有時候會連蟲帶糞球，一起從坡上向下滾落……

嗚哇！

叩隆 叩隆

糞球也作為育兒之用！西洋梨形，在裡面產一顆卵。

好窄好擠啊……

啊啊～

孵化的幼蟲會吃糞便長大。

基本資料　稀有度 ★★★

分類 鞘翅目金龜子科糞金龜屬的總稱

分布地 歐洲、亞洲、非洲等
因為只以動物糞便為食，所以也被稱為「糞蟲」。非洲大約有 2000 種以上的物種，日本沒有同屬的物種。

大小 成蟲為 15～40 毫米
體型大的體重約有 20 公克，相當於小型哺乳動物；體型小的只有幾毫米的程度。

種類 全世界約有 150 種（糞金龜屬整體）

食性 動物的糞便
攝取大象或牛、羊等糞便中未消化的養分過日子。以每分鐘 5 公尺的速度滾動糞球，能搬運幾十公尺的距離。

比宇宙更遙遠的昆蟲

古埃及將推糞金龜稱作「聖甲蟲」，
並當成神來崇拜。
信仰太陽的古埃及人，將滾動糞球的
推糞金龜視為搬運太陽的偉大神明。

新年日出

富士
金字塔

恭賀滾動！

人面
獅身像

推糞金龜鑽入大地，再以成蟲的姿態出現於地面的狀態，被比喻為：
傍晚西沉的落日，以朝陽之姿東升。

項鍊墜飾

朕很
上相

咔
嚓！

在藝術界也非常受歡迎！
在聖書體這種象形文字，或是
描繪國王的壁畫裝飾等，經常
會出現聖甲蟲。

在埃及神話中的太陽神凱布利
（Khepri），就是以具有聖甲
蟲頭部的男性姿態登場。

Khepri

刻有象形文字
的石碑

國王的壁畫

好大膽的造型呀！

風格太強烈
了吧……

好神啊～

在古埃及，聖甲蟲是滾動家畜糞便的
常見昆蟲。或許因為古埃及人和聖甲
蟲朝夕相處的關係，就將神明的形象
和牠們重疊在一起了！

見者沒分！

被當成太陽神受人類崇敬的糞金龜……
據說，其實是以「天光」為指引，來確認行走的方向！

至於是利用哪一種光來作為「導航」，
似乎是依據各種糞金龜的活動時間而有所不同。

為了要在最短的距離內，將糞球大餐滾回去，
因此利用絕對存在的天體作為行動基準是很有道理的。

除此之外，糞金龜也是唯一以「銀河」為道路指標的生物。
有研究者使用南非的天文臺星象儀進行實驗！
透過投射星空和「銀河」來觀察糞金龜的行動，發現牠們能夠精準的行進，
完全不會失去方向。

然而，當關掉「銀河」投射，
只留下滿天星空的時候，牠
們就會蜿蜒繞路，花費不少
時間。

被太陽、月亮，以及銀河導引的聖甲蟲……
真的很符合太陽神的傳說！
牠們是與天空的星星緊密相連在一起的「星星之蟲」。

被銀河導引的「星星之蟲」……
真是超級無敵浪漫啊！

糞金龜座

和「糞金龜」這種直接又殺風景的名字相比，
落差真是很大啊……

咦？但牠們要怎麼抬頭看星空啊？
在滾糞球的時候，頭是朝下的吧，難道在屁股上
裝一臺攝影機？但怎麼可能啊？

據說糞金龜可以像「快照」般把星空記下來。

「記住星空」……？就像水手們的航海觀測術。

在滾糞球之前，會先爬到糞球的頂端，
然後像「跳舞」般的轉來轉去。

這時候，糞金龜將星空「儲存」在腦中，
然後將記憶中的星空和當前的星空進行比對，
比對完成後，就能直直向前進了。

哇啊～真是太神奇了！小螢在邊走邊看書之前，
也要先確認一下星空喲！

我才不會在晚上「邊走邊看書」
呢！白天就不一定了……

白天就會嗎？
呵～

癭 蜂

會在植物上弄出稱為「蟲癭」的
瘤狀突起物的小型蜂！

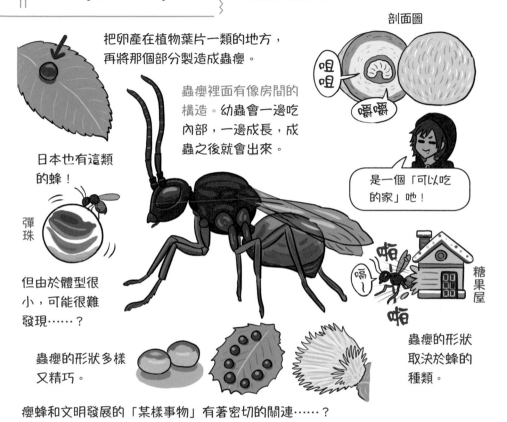

把卵產在植物葉片一類的地方，
再將那個部分製造成蟲癭。

蟲癭裡面有像房間的
構造。幼蟲會一邊吃
內部，一邊成長，成
蟲之後就會出來。

剖面圖

咀咀

嚼嚼

是一個「可以吃
的家」吧！

日本也有這類
的蜂！

彈珠

但由於體型很
小，可能很難
發現……？

蟲癭的形狀多樣
又精巧。

啪
嚼
啪

糖果屋

蟲癭的形狀
取決於蜂的
種類。

癭蜂和文明發展的「某樣事物」有著密切的關連……？

基 本 資 料　　稀有度 ★★★

分類 膜翅目癭蜂科的總稱

分布地 世界各地，北半球溫帶地區的
種類較多

日本已知有枝附癭蜂科、環腹癭蜂科、癭
蜂科。台灣的科別更多。

大小 成蟲約為1～6毫米

大部分為小型蜂。黑色或褐色，無翅型乍
看之下很像螞蟻。

種類 全世界約有1400種

食性 植物

大多是寄生在植物的組織中製造「蟲癭」，
並在其中成長。癭蜂科大部分的物種寄生
在殼斗科櫟屬的植物上，也就是橡樹。此
外，也有寄生在蠅類或蚜蟲上的種類。

把字寫好！

由癭蜂催生的事物……就是「墨水」！

萃取濃縮在蟲癭中的高濃度丹寧，然後混合鐵質，再加以過濾。

最後加上阿拉伯膠這種樹脂，鐵膽墨水（iron gall ink）就完成了！

西元前5世紀的古希臘時代，已經知道鐵膽墨水的用途，流通至今已超過2000年。

以鐵膽墨水書寫的文字會被牢牢的吸附在紙上，因為具有良好的耐久性及耐水性，所以書寫在許多重要的書籍文件上。

這畫的是我？

好難！

KY̆IY CΛCⅠD AIC ΛXΛ1

據說，書寫於西元4世紀中葉，保存至今最古老的完整版聖經《西奈抄本》就是用這種墨水書寫的。

說到蟲癭製成墨水……

莎士比亞的《第十二夜》裡，有一段很有名的句子：「讓你的墨水裡摻滿怨毒。（Let there be gall enough in thy ink.）」

那是托比培爾契爵士在寫給情敵安德魯·艾古契克爵士的決鬥「挑戰書」裡的話。

可惡～

好有氣魄啊！

gall有「膽汁」和「惡毒」的雙重意義，暗示「有膽向情敵挑戰的話，就要把惡毒的憤怒寫進信裡」。

給你！

滿滿蟲癭的情書♡

万懂……

我得罪你囉？

這樣就可以明白，「書寫」這種行為和蟲癭有著多麼密切的關係了。

116

由於鐵膽墨水的使用價值，而讓癭蜂的蟲癭曾經是重要的交易商品。

據說在18世紀時，大約有1000萬個蟲癭透過商隊從中東被運往歐洲。

好重～啊！

不可以過度裝載～

斥責的鹿

正倉院

在奈良時代，蟲癭似乎也被引進了日本。

東大寺正倉院就收藏著原產於中東的癭蜂蟲癭。

雖然鐵膽墨水現在已經被合成墨水所取代，但仍舊有許多愛好者繼續使用著。

感謝

原來長久以來，癭蜂一直支撐著改變人類溝通方式的「文字」的歷史啊！

附錄 形狀獨特的蟲癭

朝鮮薊蟲癭

和蔬菜朝鮮薊長得很像

才不像……

抱歉

不，還滿像的。

橡子蟲癭

待在內部的幼蟲，互相推擠的結果，讓突出的部分變多了。

喂！

推

擠

哩！

被產卵之後，引起化學反應，芽會變形成奇妙的樣貌！

感覺好痛！

不錯呀！

玫瑰蟲癭

像玫瑰花般醒目的蟲癭！

別名：日本歌鴝的針插

裡面有滿滿的幼蟲……

沒想到「蜂」不只有蜂蜜，而是連墨水的原料都
能夠製造出來的昆蟲，真是……太感恩了。

要是沒有癭蜂製造出來的優質墨水，應該會有
許多文件沒辦法流傳下來吧！

將信息「寫在紙上留存下來」的這種行為，是支撐
人類文化的根本！
昆蟲跟這件事有密切的關係，真是太令人驚訝了。

鐵膽墨水在日本不流行嗎？

東方世界有「墨」，而且與搭配使用的紙張相容性
很好……使用鐵膽墨水的機會很少吧？

不，其實「蟲癭」在日本也曾經很活躍喲！
由某一種蚜蟲製造的蟲癭所衍生出來的「黑」，
從前被利用在「某種東西」上。
你們猜猜是什麼？提示是：從前的日本習俗！

黑、暗、習俗……啊！是「黑巫術」嗎？

黑巫術，那是日本習俗嗎？

蟲癭

不是黑巫術啦……正確答案是「牙齒塗黑」。

把蟲癭磨成粉之後，與含有鐵質成分的水混合，
就能夠製造出和鐵膽墨水一樣的東西。
把這個塗在牙齒上，讓牙齒變黑。

日本的流行時尚，也受到昆蟲
不少的照顧呢……

胭脂蟲

以長長的口器插入植物中，然後就幾乎一動也不動的昆蟲！

寄生在仙人掌上，以吸食樹液維生。

哎呀哎呀

胭脂紅是紅色色素的名稱。

這個物種的雄性在雄性介殼蟲當中，是唯一具有翅膀的。

雄性成蟲

我會飛！！

雌性的胭脂蟲以釋出的白絲附著在仙人掌上。

不具有硬殼的介殼蟲是很少見的。

很介意貝殼的

殼不是必備要素嗎？

幼蟲

雌性成蟲呈現鮮豔的「紅色」！

懸鉤子

嗨！

這個「紅色」與人類的歷史有著很深厚的關係……？

基 本 資 料　稀有度 ★★★

分類　半翅目介殼蟲總科胭脂蟲科

分布地　原產於中南美，被帶往世界各地之後野生化

棲息在日本具代表性的介殼蟲科有旌介殼蟲科、碩介殼蟲科、粉介殼蟲科、介殼蟲科、盾介殼蟲科等。

種類　全世界約有 7300 種（介殼蟲總科整體）

大小　成蟲為 1～10 毫米（包含蠟狀物質）

以胭脂蟲的雌性為例，體型較大的約為 10 毫米，但多半體型偏小，大約 2～3 毫米。雄性則只有雌性的一半大小。

食性　寄生在圓扇仙人掌上，吸食汁液

介殼蟲多半是寄生在蔬菜、果樹、草花、仙人掌、蘭花等各種各樣的植物上，吸食汁液。

碧血狂染

「紅色」！是火的顏色、血的顏色、太陽的顏色……
美麗又強烈的「紅色」也是財富和權力的
象徵，總是魅惑著人類。

畫紅一點！

沒有紅色了啦……

紅！

但鮮豔的紅色卻是很
難產生的顏色，因此
「紅色」染料在西歐
各國非常珍貴。

到了16世紀左右，來自西班牙的侵略者在阿茲特克
帝國的首都特諾奇蒂特蘭遇見了驚人的「紅色」！

征服囉！
喔喔喔——

……咦？

沒錯……就是身
披鮮紅色衣服的
阿茲特克人！

在新世界所使用的美麗「紅色」染料……
原料正是胭脂蟲！

附著在仙人掌上一動也不動的胭脂蟲，為了保護
自己不受外敵侵害，會分泌一種叫胭脂紅酸的物
質！它的顏色是鮮艷的紅色。

哎呀一

幾百年來，胭脂紅
酸一直被拿來作為
「紅色」的染料。

嗚哇！

碾壓後會
流出紅色
液體。

胭脂蟲產出的「紅色」，色澤飽滿又美麗，在當時
各式各樣的紅色染料中，獲得壓倒性的勝利！

作為衣服染料的目的，
自然無需多說……

名副
其實的
……

繪畫蟲。

梵谷／《在亞爾的臥室》
1888年

歷史上知名藝術家的畫
作，也使用了胭脂紅的
「紅色」。

林布蘭／《猶太新娘》
1667年左右

值千金……

這種染料的價值，與同等重量的稀有
金屬不相上下！

這明明
是我們
的點子
……

西班牙獨占胭脂紅直至18世紀末期，
長達近250年的時間！胭脂紅染料的
來由被當作是「國家機密」。

哎呀呀

時光流逝，隨著合成染料的發展逐漸進步，胭脂紅等
天然染料的需求急速衰退……

然而，胭脂紅的任務並未就此結束，
目前主要用於食品或飲料的著色。

刨冰用的
糖漿

馬卡龍

紅色或粉紅色食品的著色
劑中，所含的胭脂紅色素
就是胭脂蟲的粉末。

草莓牛奶

咦……？
我們以前見過嗎？

萬萬
不可動！

塗你自
己的啦！

口紅
也是
！！

櫻花麻糬

魚板

壽甘*

人類的日常生活，真是名副其實
因為昆蟲而「增添色彩」呢！

* 日式甜點。　**121**

說到紅色，就一定會想到小光呢～

紅色是我的特色呀！
我自豪的天生紅髮就是最好的證明！

雖然你說「自豪的紅髮」，
可是你卻一直戴著帽子呢。

欸……

啊，咦……？我說了什麼不該說的話嗎？

不，我……雖然喜歡自己的紅頭髮，但學校老師
卻一直很囉唆，要我把頭髮染黑……
那也是我輟學的原因之一……

胭脂蟲

紅天牛

真是無聊～頭髮的顏色明明
就和念書毫無關係。

我也是這麼認為，可是……有點失去自信。
不過，我也不想把頭髮染黑……反正現在也
習慣了……

秋赤蜻

七星瓢蟲

……我認為小光現在這樣就可以了喲！
而且根據剛剛的解說，「紅色」的歷史跟昆蟲有很
深厚的關係，那不是和喜歡昆蟲的你非常相配嗎？
實際上……紅色頭髮，很適合你呢！

……喔喔！我最喜歡小螢了！棒棒！！
錯了，是抱抱！！

哇！你的心情起伏落差還真大啊……

年輕真好，多麼眩目閃耀啊！是吧，小玉。

解子，不要講那種像老太婆的話啦！

蚊子

會從人類等生物身上吸血，攝取培育卵所需營養的昆蟲！

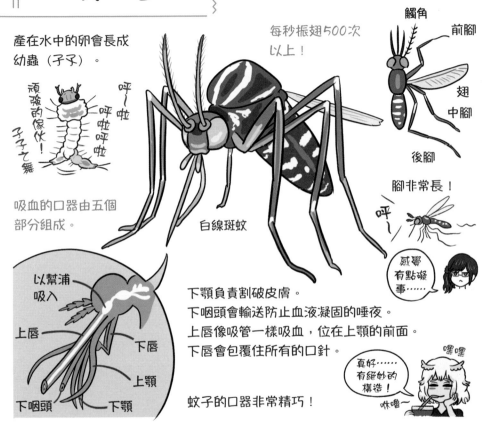

產在水中的卵會長成幼蟲（孑孓）。

頑強的傢伙！
孑孓之舞

呼～啦
呼啦呼啦

每秒振翅500次以上！

觸角
前腳
翅
中腳
後腳

腳非常長！
呼～

感覺有點礙事……

吸血的口器由五個部分組成。

白線斑蚊

以幫浦吸入
上唇
下唇
上顎
下咽頭
下顎

下顎負責割破皮膚。
下咽頭會輸送防止血液凝固的唾液。
上唇像吸管一樣吸血，位在上顎的前面。
下唇會包覆住所有的口針。

蚊子的口器非常精巧！

嘿嘿
真好……有絕妙的構造！
咻嚕～

基本資料　　稀有度　★

分類　雙翅目蚊科的總稱

分布地　世界各地
日本棲息的有尖音家蚊、中華瘧蚊等。

大小　成蟲大多為5毫米左右
重量在2～2.5毫克左右。

種類　全世界約有3500種，日本約有100種，台灣約有130種

食性　吸血或植物的汁液
雌性會將口器刺進人類或家畜的皮膚中吸血，雄性則吸食植物的汁液。也有瘧疾（瘧蚊）、日本腦炎（尖音家蚊）等傳播傳染病的物種。飛行速度為每小時1.5～2.5公里。

幻影之血！

假如要選出對人類最具威脅的昆蟲，那不得不說是「蚊子」……

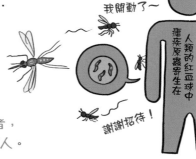

理由在於傳染病！
特別是有一種以蚊子為媒介的寄生蟲會引發熱病「瘧疾」，造成非常嚴重的危害。

全世界每年約有3億名患者，死亡人數估計每年達50萬人。

500,000 死亡

默默無蚊……

人類因瘧疾而遭受痛苦的歷史非常長久！
古羅馬人將這種疾病命名為「瘧疾」（malaia），源自「惡劣的空氣」（mala aria）。

空氣好糟啊……
才不是我的錯！

好燙……

直到19世紀末，人類才發現瘧疾的起因是來自「蚊子」！（發現者在1902年獲頒諾貝爾獎）

嗚啊～嗚

日本也曾經流行過瘧疾！據說，古文獻中出現的「瘧」，指的就是瘧疾。

瘧疾也是日本武將平清盛的死因。
在日本文學《平家物語》中，描繪清盛受熱症煎熬的過程，如同在灼熱地獄中痛苦掙扎。

可以說是小小的蚊子為平家時代畫上了休止符！

清盛

熱盛……

味味味

池裡的冷水瞬間變成熱水……？！

真假？

你真可愛……

不過，要是摸了蟲，有時也會生病喲……

日本平安時代的短篇小說《愛蟲的公主》中，有將瘧疾和昆蟲做連結的描寫呢！

但作者不詳……

這可是諾貝爾獎等級的觀點吧……

真是可惜……

真是太無禮了

為了減少傳染病的迫害，人類展開與蚊子之間的「戰役」。

蚊帳

嗚嗚……

雖然老派又經典，
卻是很可靠的防禦法！
也有人將殺蟲劑塗抹在纖維上，
製造出最新式的浸藥蚊帳（ITN）。

殺蟲劑

噴灑藥劑消滅蚊子！
曾在某些特定區域成
功阻絕瘧疾。

嗚哇！

噗咻——咻

嗚哇！

嗚哇！

但另一方面，擔心對人體
或環境造成影響，使用頻
率正逐漸降低……

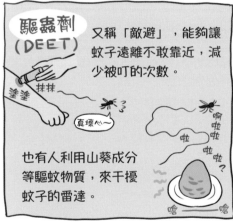

驅蟲劑（DEET）

又稱「敵避」，能夠讓
蚊子遠離不敢靠近，減
少被叮的次數。

真壞心～

啊啦
啦啦
啦？

哈——哈

也有人利用山葵成分
等驅蚊物質，來干擾
蚊子的雷達。

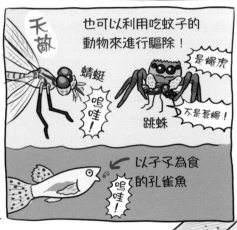

天敵

也可以利用吃蚊子的
動物來進行驅除！

蜻蜓

嗚哇！

是蠅虎

跳蛛

不是蒼蠅！

以子子為食
的孔雀魚

嗚哇！

細菌

利用前面章節介紹過的「消滅雄性的細菌」
沃爾巴克氏菌（P91～）出人意料的大獲成功！

釋放200萬隻注入沃爾巴克氏菌的
蚊子，讓蚊子族群感染沃爾巴克
氏菌，致使雄性無法生殖，大幅
減少蚊子的數量！

你好可
愛喔♡

消滅
雄性

沃爾巴克氏菌

成為盟友的話
就很可靠……

據說，這項驚人的作戰方式比殺蟲劑
的效果更好。

蚊子和人類之間的戰役，也是科學進步的過程！

嗯～沒想到蚊子會帶來這麼可怕的威脅……
難怪人類會拚了命的想趕盡殺絕。

每到夏日夜晚，身邊就會有一堆「嗡嗡嗡」的很吵！
既然蚊子是這麼麻煩的生物，如果人類認真起來，要
完全驅除也不是不可能的吧……？

聽說以基因重組的方式，讓特定物種的蚊子
完全滅亡，在理論上是可能的喲！好吧，那
就來一舉殲滅牠們吧！

什麼？像個壞蛋頭目，
也太隨便了吧……

明明是你先
說的……

不要煽動年輕人啊，解子……
基因改造的實際應用還有討論的必要。何況再怎麼說，
蚊子也是自然界的一部分。

嗯……例如，幼蟲（孑孓）會分解水中的
有機物，讓水質變乾淨。

而且孑孓是魚類和水生昆蟲的食物，成蟲蚊子則
是蜻蜓、蜘蛛、蝙蝠等的營養來源。蚊子在食物
鏈的循環中，扮演著重要角色。
蚊子消失→食物不足→捕食者餓死→害蟲增加→
農作物遭受重大危害……極有可能對人類帶來更
多不利的後續發展。

在某些狀況下，為了防治讓人喪命的傳染病，必
須驅除蚊子。但並不是「只要徹底消滅就好」，
這一點是生物界最艱難的部分……

是生存，還是毀滅……這是一個令人為難的問題！

蚊
姆
雷
特

一有機會，你就想要掉書袋……

馬達加斯加蟑螂

居住在馬達加斯加島森林裡的大型蟑螂家族！

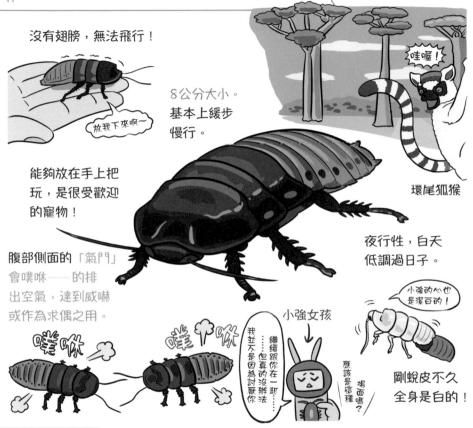

沒有翅膀，無法飛行！

放我下來啊──

8公分大小。基本上緩步慢行。

哇喔！

環尾狐猴

能夠放在手上把玩，是很受歡迎的寵物！

夜行性，白天低調過日子。

腹部側面的「氣門」會噗咻──的排出空氣，達到威嚇或作為求偶之用。

噗咻

噗咻

小強女孩

我並不是因為討厭你

繼續跟你在一起⋯⋯但真的沒辦法

應該是這種場面吧？

小強的心也是潔白的！

剛蛻皮不久全身是白的！

基 本 資 料　稀有度　★★

分類　蜚蠊目匍蜚蠊科

分布地　馬達加斯加島
生活於森林的地面，躲藏在落葉或倒木下。白天不活動，夜晚會特別活躍。

大小　成蟲為50～80毫米

種類　全世界約有4600種，日本約有58種（蜚蠊目整體）、6屬20種（馬達加斯加蟑螂一族）

物種數量是以蟑螂整體來看。雖然蟑螂常被視為居家害蟲，但實際生活在人類居家環境中的物種，其實不到蟑螂整體的1%。

食性　果實、草花
夜間覓食，以果實和草花為主食。

127

小強☆小強♡仙境

蟑螂在人類最討厭的昆蟲排行榜上，
永遠是第一名……

侵入人類生活圈的大膽行為、敏捷的移動速度、
油光閃亮令人毛骨悚然的質感，此外還有「蟑螂
好噁心」的偏見……

由於這些因素的絕妙組合，讓人們對蟑螂的
厭惡深深烙印在心裡。

噗咻──
嗚哇！

「一天早上，從睡夢中醒來，發現自己變成一隻巨大
的蟲」……有許多人將卡夫卡著名小說《變形記》中
這句「蟲」的描述，想像成大型蟑螂。

這怎麼回事！？

雖然文本中並沒有特別描寫
「那是什麼蟲」……

（也有一種解釋認為不是蟲）

全世界人類深惡痛絕的蟑螂……卻以傑出的求生本能受到關注！

蟑螂是最古老的昆蟲之一，據說在2億6000萬
年前的古生代就已經存在。而且從古至今，
外觀幾乎沒有任何改變。
那大概是因為蟑螂的外型已經非常
成熟精煉。

嗚哇！
噗咻──
小強火山

真厲害！
頭文字強
咻一咻

體型扁平，
容易鑽入狹
窄的地方。

透過「氣門」
攝入空氣呼吸。

咻機
嘻！
哈機
我感覺到風囉！

1秒鐘可以奔跑體長
50倍的距離！

「氣流感覺毛」能
感受空氣的流動。

馬達加斯加
蟑螂

並不是所有蟑
螂的行動都這
麼敏捷……

身上覆蓋著一層蠟，
防護氣門受灰塵或汙
垢侵害。

呼～
意外的愛
乾淨？

全世界的蟑螂種類很多，日本有58種，臺灣有76種！蟑螂與人類親蜜相處了好長一段歷史。

好好吃～

常偷吃油脂類食物，所以被叫偷油婆。

在一些藥草古籍中有記載，像是中國《本草綱目》等，人們稱牠們為「蜚蠊」、「贓郎」、「滑蟲」、「偷油婆」……日本平安時代《本草和名》中則稱之為「會吃垃圾的蟲」或「有角的蟲」。

因為頭上長角，所以被叫有角的蟲。

這是觸角，不是角～

根據牠們爬到碗盤中吃剩食的模樣，中國為蟑螂取了「負盤」這樣的名字；日本則叫「御器噛」。因為具有強韌的生命力，現代人流行叫牠們「小強」。從名稱的變化，就能夠一窺蟑螂是如何頑強的適應人類生活。即使在現代的房舍中，牠也仍然大膽的存在著……

混蛋

別再裝模作樣趴著咬碗盤了！

噛咬

我是在咬飯啦～

噛咬

小強歪理

由於原本的棲息環境是在溫暖潮溼的森林地，牠們因此喜歡類似的場所。

森林

大自然最棒了！

是～呀

住家

都會生活最棒了！

冰箱

到底哪個棒！?

微波爐或冰箱下面的溫度較高，又似乎特別的安靜……

呵囉～

小強日刊

GOKI

超熱門這款家電

超可愛！

有人類的地方，就一定有蟑螂。

告訴我！吉丁蟲博士

要如何讓蟑螂遠離呢？
○ 食物或餐具不放置在外。
○ 有廚餘就立刻清乾淨！
○ 保持乾淨整潔的環境。

欸，要是能夠做到以上這些，就比較不會有麻煩……

「噁心的同居人」、「地球的大前輩」——蟑螂和人類的生活密不可分。不要只是一味的厭惡，了解牠們的生態和行為也是很重要的呢！

我不擅長打掃哦……

原來如此！

你是誰？

世界蟑螂多奇妙

一般認為，全世界的蟑螂有4600種！

東方水蠊

外觀像三葉蟲。

椿象蜚蠊

看起來似乎在發光！

似螢蠊

可能在模仿有毒的螢火蟲？

那是你的屁股嗎？

瓢蟲蜚蠊

也有看起來像螢火蟲的蟑螂呢……

心情有點複雜……

有些蟑螂看起來像瓢蟲吧！

會像鼠婦一樣蜷縮成球狀（只限雌性）。

矮小球蠊

笑臉古巴蜚蠊

幹嘛這麼嚴肅？

看起來像一個笑臉！

黃緣擬截尾蠊

時髦的黃色和黑色。

犀牛蟑螂

分布於澳洲，是全世界最重的大蟑螂。

130

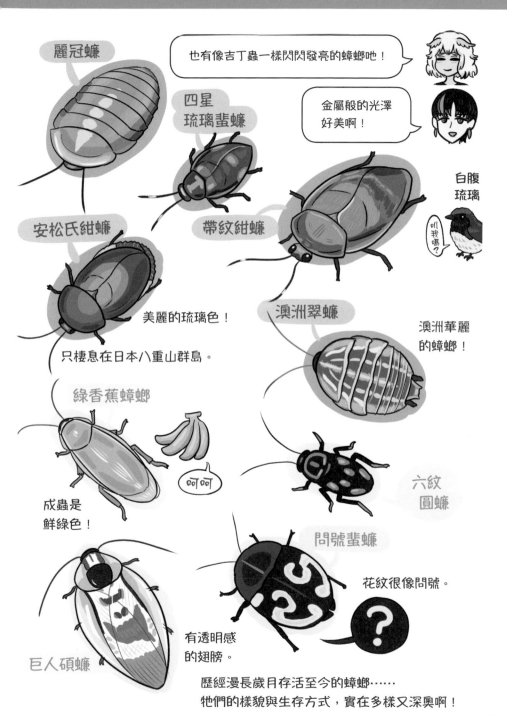

麗冠蠊

也有像吉丁蟲一樣閃閃發亮的蟑螂吧！

四星琉璃蜚蠊

金屬般的光澤好美啊！

白腹琉璃

叫我嗎？

安松氏紺蠊

帶紋紺蠊

美麗的琉璃色！

只棲息在日本八重山群島。

澳洲翠蠊

澳洲華麗的蟑螂！

綠香蕉蟑螂

呵呵

成蟲是鮮綠色！

六紋圓蠊

問號蜚蠊

花紋很像問號。

?

有透明感的翅膀。

巨人碩蠊

歷經漫長歲月存活至今的蟑螂……
牠們的樣貌與生存方式，實在多樣又深奧啊！

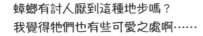

蟑螂有討人厭到這種地步嗎？
我覺得牠們也有些可愛之處啊⋯⋯

超音速前進—
嗶咿喔喔喔

最惹人厭的應該是牠們的行動速度吧？
突然一個黑影颼颼颼的跑過去，真的是會讓人
「倒彈」呢！

那種「行動姿態」正是蟑螂最大的特徵。
牠們靠著左右腳「往前伸」、「向後擺」一連串
有節奏的動作，才能達到高速快跑。

模仿蟑螂高速「快跑」的機器人
也正在開發當中喔⋯⋯

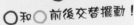
○和○前後交替擺動！

蟑⋯⋯蟑螂機器人？

微型機器人
HAMR
嗚呀
嗚呀

不只在陸地行走，也能在水面上步行，
甚至潛水、爬坡等。
將來或許還有可能應用在救援行動上。

想到被人類嫌棄的蟑螂所擁有的能力，有一天
可能挽救人類性命⋯⋯就讓我熱血沸騰啊！

法布爾昆蟲記

蟑螂的外骨骼強韌又具有彈性，即使輕微
撞擊也不會受傷，似乎可以運用在機器人
身上。如果也能導入我身上的話，我一定
會很開心⋯⋯

你還好
嗎？！

完全沒
問題⋯⋯

上次真的很對不起⋯⋯（一直被記恨中⋯⋯）

人類在昆蟲身上學到很多很多，更不用
提我專長的仿生機器人領域了。

從今以後，也要繼續解開昆蟲之謎！

最喜歡的昆蟲？怎麼有辦法做出決定啦！⋯⋯不過，讓我成為昆蟲學家的契機是「希氏埃蜉」。

這種蜉蝣除了有雌雄共存的族群之外，還有僅由雌性繁殖（孤雌生殖）的族群。而且令人驚訝的是「兩性生殖族群」與「孤雌生殖族群」會隨著季節變遷交替進行。

一般來說，行孤雌生殖的族群是由於生活在像島嶼一類受限的環境中而形成，所以像希氏埃蜉的例子是非常獨特的！

就連同物種的昆蟲之間，都有著截然不同的生殖方式，於是我的心就被生物的多樣性感動了⋯⋯

從那時起，我就以昆蟲的生殖行為主題持續進行研究。

對我來說，昆蟲就像是一本厚重、充滿謎團，且有許多內容尚未被任何人翻閱的書。

當了解得愈深，就愈想知道得更多。

「昆蟲是一本充滿謎團的書」⋯⋯嗎？

只不過是普通的蟲

似螢蠊

啊哈哈……

螢火蟲根本就是會發光的小強啊!

螢火蟲只不過是普通的蟲……

在這個世界上,沒有「只不過是普通的蟲」這種事!

小光……

下次,要不要一起去參加螢火蟲祭典?

終章 仲夏夜螢

小螢……！

晚上好，小光。
啊……你沒戴帽子的模樣，
我還是第一次見到呢！

因為穿浴衣嘛……剛好
是個不錯的機會。

…………

啊，什麼！很怪
嗎？果然……

咦？一點都不怪啊！
欸……很可愛喲！

啊，謝謝！
小螢也是那個……欸……很漂亮喔！
如果以昆蟲作比喻的話……

不需要比喻成昆蟲……

是啦是啦，青春
真好啊……

啊，大家……晚上好。
解子小姐，您回國了嗎？

因為金剛猩猩對我
說：「快回去你愛
的人身邊……」

不要盡說些傻話了，快點往
今晚的目標前進吧！

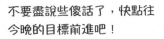

好壯觀……

喔喔～～

這樣才有螢火蟲祭典的感覺啊。
這裡可是鮮少人知道的地點喲！

好久沒來了吧～今年遇上螢火蟲大爆發，運氣真不錯！

現在……是觀察野生螢火蟲的大好機會。
解子和我再往前走一點，你們在這附近好好待著。
保母的工作就交給你囉，蟲蟲太郎！

嗶嗶，蟲蟲了解，太郎得令！

走掉了吧，真是自由的大人啊……

那兩個人一定有很多話要說吧……
對了！我也有話想說……

啊？是……是什麼？

我啊……想要成為拍攝昆蟲照片的昆蟲攝影師。
我要更深入了解我最喜歡的昆蟲世界。

什麼……！那不是很棒嗎！

嗯，但我還是個門外漢，得多多用功才行！
首先，要弄到一臺相機！

是……是從那兒開始嗎？
不過，能找到目標，真是太好了！

多虧有小螢！我沒辦法適應學校而輟學，不知道接下來要怎麼辦。
但是小螢告訴我，只要照著自己的步調走就好……所以我打算這樣做。

……因為你本來就很積極樂觀啊！

如果可以的話，今後能請你陪我一起念書就太好了，小螢老師！

我可不是你的老師喲！

咦咦？！

因為，我是你的……「蟲友」啊！

啊哈……沒錯！

而且……小光。我才是，能夠認識你……真好。

咦？好小聲，我聽……

所……所以，認識小光……光……
……為什麼在發光啊？！螢火蟲！！

怎麼變成像惱羞成怒的小朋友做科學諮詢……
不過仔細想想，為什麼會發光呢？真是很不可思議！
蟲蟲太郎，再次拜託你解說了，Please！

嗶嗶嗶，一塊小蛋糕！這和「小菜一碟」是意思相同的雙關語……

這個我知道啦！！

137

靜夜的狂熱

雌性 雄性

發光器

發光細胞　神經

氣管

螢火蟲的光是透過什麼機制產生的呢？

螢火蟲腹部的發光器中，有數千個產生光的發光細胞，呈輻射狀排列。

年輪蛋糕

輻射狀真好！

真好

鳳梨糖

發光器中產生光的過程，簡直就像「分子舞蹈」演出般精緻。

舞蹈的主要「登場人物」有3名＋其他！

由特種蛋白質形成的酵素。

螢光酵素

起主導作用的發光物質。

螢光素

將化學能量送往全身各處的「三磷酸腺苷」。

通稱
A
T
P

還有

氧氣

O₂

首先，螢光酵素選擇螢光素當「舞蹈」的搭檔，巧妙的領舞。

接著，為了把ATP的能量轉移至螢光素，螢光酵素會將螢光素和ATP串聯在一起。

超氧游離基

螢光素獲得ATP的能量，形成特殊形態的氧氣「超氧游離基」，引發「氧化螢光素」的誕生！

這個狀態的能量很高，但僅能持續數億分之一秒。
當氧化螢光素從高能量狀態還原成穩定的螢光素時，能量落差所產生的光，就會如同小型閃電般被釋放出來！

氧化螢光素

SHINING!

THANK YOU...

這一瞬間的閃光，正是「螢火蟲的光」的真面目！

由於酵素作用而再生的螢光素，會為了再次和螢光酵素「共舞」發光做準備。

「分子舞蹈」如此周而復始，讓螢火蟲能徹夜持續的閃耀。

互相吸引而發光的分子世界……在暗夜中發光的小小螢火蟲體內，密布著充滿謎團的「小宇宙」。

……像夜空的星星一樣發出光芒的螢火蟲，體內有個宇宙，裡頭密布反覆跳著光之舞的分子……似乎有點……讓人無法想像呢！

小螢，我們第一次見面時你說過：「螢火蟲，只不過是普通的蟲」……你現在還是這麼想嗎？

……欸，只不過是普通的蟲，我認為這是事實。

咦……

可是，我完全沒想到，「只不過是普通的蟲」，卻如此的……

不可思議啊！

結　語

　　從前從前，有一個小孩。那個小孩非常喜歡昆蟲，常常在附近的公園追蟲子、「臨摹」圖鑑裡的昆蟲，將它們分送給幼兒園的小朋友，或是製作會彈飛的紙蟑螂玩具嚇幼兒園的老師，總是玩得很開心。但是就像大多數的孩子一樣（並不是小螢遭遇的那種心酸事），對昆蟲的好奇逐漸減少，開始對其他事物產生興趣。即使如此，他還是會去觀察野鳥、逛水族館，依舊喜歡生物……

　　時光流逝，長大成人的孩子偶然開始畫生物插圖，結果集結成書，之後還連續出了好幾本。第四本書的主題是「昆蟲」，也就是這一本。人的命運，可能在繞了一大圈之後，又回頭去做和幼年時期同樣的事呢……這未免也太美好了。（既然連隨心所欲過日子的我到目前都還過得去，小光和小螢的將來一定更為光明吧！）

　　爽快答應幫我監修的丸山宗利老師、傑出參考文獻的各位作者、翠鳥大大，以及閱讀到此的各位讀者，真的很謝謝你們！希望下次有機會見面，到時候，不要當作「蟲」來就不認識我喔！

沼笠航

參考文獻

- 《和螞蟻一起大冒險：追尋心愛的超級螞蟻》（アリたちとの大冒険－愛しのスーパーアリを追い求めて）（化學同人）
- 《家中了不起的生物圖鑑：身邊熟悉的生物不為人知的行為與絕技》（家の中のすごい生きもの図鑑－一番身近な生き物たちの知られざる生き様とスゴ技）（山與溪谷社）
- 《學研的圖鑑LIVE 昆蟲》（学研の図鑑LIVE 昆虫）（學研Plus）
- 《消失的雄性：操縱昆蟲性別的微生物策略》（消えるオス－昆虫の性をあやつる微生物の戦略）（化學同人）
- 《沒辦法討厭的害蟲圖鑑》（嫌いになれない害虫図鑑）（幻冬舍）
- 《戀愛的雄性會演化》（恋するオスが進化する）（KADOKAWA／Media Factory）
- 《昆蟲好可怕〔彩色版〕》（昆虫こわい［カラー版］）（幻冬舍）
- 《昆蟲們不可思議的性世界》（昆虫たちの不思議な性の世界）（一色出版）
- 《昆蟲們的生存之道》（昆虫たちの世渡り術）（河出書房新社）
- 《昆蟲的驚人世界》（昆虫のすごい世界）（平凡社）
- 《昆蟲是最強的生物：4億年演化帶來的驚人生存策略》（昆虫は最強の生物である－4億年の進化がもたらした驚異の生存戦略）（河出書房新社）
- 《昆蟲真不可思議：比人類世界還精采的蟲兒日常生活》（昆虫はすごい）（光文社；台灣晨星出版）
- 《昆蟲更厲害》（昆虫はもっとすごい）（光文社）
- 《日經Science》2002年7月號〈細菌操控性別轉變〉（細菌が操る性転換－日経サイエンス）（日本經濟新聞出版社）
- 《想要做的雄性和不想做的雌性生物學》（したがるオスと嫌がるメスの生物学）（集英社）
- 《只在17年和13年大現身？揭開質數蟬的祕密》（17年と13年だけ大発生？質数ゼミの秘密に迫る！）（SB Creative）
- 《日經Science》2019年2月號〈白蟻和仙女環〉（シロアリとフェアリーサークル－日経サイエンス）（日本經濟新聞出版社）
- 《了不起的演化：解開「乍看之下不合理」的謎團》（すごい進化－「一見すると不合理」の謎を解く）（中央公論新社）
- 《日經Science》2015年3月號〈築巢的演化學〉（巣作りの進化学－日経サイエンス）（日本經濟新聞出版社）

- 《生態系的王者：日本大虎頭蜂》（生態系の王者─オオスズメバチ）（高文研）
- 《所以昆蟲好有趣：比較就知道的多樣性》（だから昆虫は面白い─くらべて際立つ多樣性）（東京書籍）
- 《奇異的昆蟲〔全彩版〕》（珍奇な昆虫［オールカラー版］）（光文社）
- 《徹底圖解 昆蟲的世界：昆蟲的身體構造、分類與生態，以及和人類的關係》（徹底図解 昆虫の世界─昆虫のからだのしくみ、分類、生態から人間とのかかわりまで）（新星出版社）
- 《動物眼中的世界與演化》（動物が見ている世界と進化）（X-Knowledge）
- 《從物理的角度解明動物們的超強技能：從感應花的電場的蜂到用尾巴當祕密武器的松鼠》（動物たちのすごいワザを物理で解く─花の電場をとらえるハチから、しっぽが秘密兵器のリスまで）（Intershift）
- 《「昆蟲」特別展 官方圖錄》（特別展「昆虫」公式図録）（日本國立科學博物館）
- 《為什麼蚊子會攻擊人》（なぜ蚊は人を襲うのか）（岩波書店）
- 《神祕的青斑蝶為什麼能夠預卜未來？》（謎の蝶アサギマダラはなぜ未来が読めるのか？）（PHP研究所）
- 《國家地理》日本版官網
- 《日本的昆蟲1400（1）：蝴蝶、蚱蜢、蟬》（日本の昆虫1400（1）チョウ、バッタ、セミ）（文一總合出版）
- 《日本的昆蟲1400（2）：蜻蜓、甲蟲、蜂》（日本の昆虫1400（2）トンボ、コウチュウ、ハチ）（文一總合出版）
- 《勇者鬥惡蟲：在撒哈拉賭上人生！怪咖博士尋蝗記》（バッタを倒しにアフリカへ）（光文社；台灣漫遊者文化）
- 《發光生物的世界》（光る生き物の世界）（日經國家地理雜誌）
- 《EARTH-LIFE》（BBC）
- 《蟲與文明：螢火蟲的衣裝‧國王的蜂蜜酒‧介殼蟲的唱片》（虫と文明─螢のドレス‧王様のハチミツ酒‧カイガラムシのレコード）（築地書館）

國家圖書館出版品預行編目

不可思議的昆蟲超變態！圖鑑 / 沼笠航著；張東君譯.
初版. -- 臺北市：遠流, 2020.08　面；　公分.
　　ISBN 978-957-32-8824-4（平裝）
1.昆蟲 2.動物圖鑑

387.725　　　　　　　　　　　109008388

不可思議的昆蟲超變態！圖鑑

作者 / 沼笠航
譯者 / 張東君
監修 / 丸山宗利
審訂 / 陳賜隆

責任編輯 / 吳聞聞（特約）
封面暨內頁設計 / 吳慧妮（特約）
科學少年總編輯 / 陳雅茜

發行人 / 王榮文
出版發行 / 遠流出版事業股份有限公司
地址 / 臺北市南昌路2段81號6樓
電話 / 02-2392-6899　傳真 / 02-2392-6658
郵撥 / 0189456-1
遠流博識網 / www.ylib.com
電子信箱 / ylib@ylib.com
ISBN 978-957-32-8824-4
2020年8月1日初版
2022年5月20日初版二刷
版權所有・翻印必究
定價・新臺幣400元